农业休闲

观光园规划与建设

魏云华　潘　宏　陈艺荃　张燕青　著

中国农业科学技术出版社

图书在版编目（CIP）数据

农业休闲观光园规划与建设 / 魏云华等著 . — 北京：中国农业科学技术出版社，2021.5（2023.1 重印）
ISBN 978-7-5116-5157-0

Ⅰ . ①农… Ⅱ . ①魏… Ⅲ . ①观光农业—农业规划②观光农业—农业建设 Ⅳ . ① F304.1

中国版本图书馆 CIP 数据核字（2020）第 021085 号

责任编辑　徐定娜
责任校对　李向荣
责任印制　姜义伟　王思文

出 版 者　中国农业科学技术出版社
　　　　　北京市中关村南大街 12 号　邮编：100081
电　　话　（010）82105169（编辑室）（010）82109702（发行部）
　　　　　（010）82109709（读者服务部）
传　　真　（010）82109707
网　　址　http://www.castp.cn
发　　行　各地新华书店
印 刷 者　北京建宏印刷有限公司
开　　本　787 mm×1 092 mm　1/16
印　　张　9.75
字　　数　215 千字
版　　次　2021 年 5 月第 1 版　2023 年 1 月第 2 次印刷
定　　价　68.00 元

前　言

　　观光休闲农业在国内方兴未艾，各项相关统计数据也表明了这个产业蓬勃发展的势头，但各类研究也指出观光休闲农业产业依然存在诸多问题，最终表现在很多休闲园区的经济效益难以保证。我们在 10 多年的工作实践中，接触了许多观光休闲农业园区（村落），也和很多的业主、从业人员进行了大量交流。他们对这个产业抱有极大的热情和期待，但时常因为产业总体形势不断发展和自身经营困顿间的矛盾而疑惑；为不了解园区规划并因此犯下的错误而后悔；为未来的定位、发展方向、建设内容等而焦虑。凡此种种，他们因成功喜悦，因失败懊恼，在进退维谷的取舍间挣扎。应当说，观光休闲农业的很多从业者在最初并不真正了解这个产业，也不真正了解和重视园区的规划，只是因为各种原因凭着一腔热血和希望而投身这个行业，每每看见他们反思刚踏入这个产业的种种失误时，总会催发我们写一些普及介绍园区规划的文字的冲动，期望对那些准备进入这个行业的人士提供一些参考和帮助。

　　有幸得到福建省公益类项目（项目编号：2020R1032007）、福建省农业科学院院管项目（项目编号：AC2017-13）和出版基金项目的资助，我们实地调研了诸多农业观光休闲案例，完成书稿写作。本书第一章第三、四节及第二章第一至四节由陈艺荃完成，字数 2 万字；第四章由张燕青完成，字数 1 万字；第五章至第八章由魏云华完成，字数 10.2 万字；剩余章节由潘宏完成，字数 8.3 万字。由于时间和水平有限，疏漏难免，敬请广大读者指正。书中参考引用了相关领域专家的著作、文章等，深受启发；在资料收集、文字编写、实地调研、照片处理等方面得到陈阳、李章汀等工作伙伴的大力支持与协助，在此一并表示感谢。

著　者

2020 年 10 月

目　录

目　录

目 录

第一章

中国传统文化的
休闲思想

第一节　中国传统休闲的境界

　　"休闲"在近些年是个很时髦的词汇，"休闲产业""休闲旅游""休闲小游戏""休闲慢生活"等概念不一而足。那么什么才算是休闲呢？百度的提法，"休闲"是指在非劳动及非工作时间以各种"玩"的方式求得身心的调节与放松，达到生命保健、体能恢复、身心愉悦的目的的一种业余生活。"休闲"一词在古汉语中本是没有的，但"休闲"的概念在中国5 000年历史中可谓年代久远，而且具有鲜明的中国文化特色。古代"六艺"既有政军治国的实际需要，也常是士大夫们娱乐互动的一种形式。所以孔子的"志于道，据于德，依于仁，游于艺"就体现出这种政教相合的休闲观念。而庄子追求道家"游于四海之外"的精神和自在自由的休闲观。历代文人墨客在诗、书、琴、画中对生命的吟咏，情爱闲愁的描写；民间凡夫听戏、说书、麻将、斗鸡等各种休闲活动林林总总、花样繁多，体现了各个阶层对"休闲"的不同追求和体验。中国传统文化和习俗中对"休闲"有着特殊的认知和精神感悟。

　　如果把"休闲"一词拆开单字来看。"休"字在《康熙字典》和《辞海》中被解释为吉庆、欢乐的意思，从象形文字的字形上看，休字就是一个人靠着木头的形象（图1-1）。《论语》中提出"大德不逾闲"，从象形文字的字形上看，"闲"就是一棵树被划定在一个界限内，所以"闲"字在中国古文化中是一个范畴、一个尺度、一个约束，而不是肆意放松、毫无约束。"休"和"闲"两字的结合，表明中国人的休闲是在劳作、丰收、庆贺之余，稍事休憩；但不会完全松懈，追求一定范围程度内的身心愉悦与休整，而不是完全的简单的空闲，可谓是在单纯的物质行动之外带着精神的追求与进步，更倾向于"寓教于乐"，给休闲活动带来一丝哲学思辨的色彩。

图1-1　《中国篆刻大字典》中的"休"字

无独有偶，休闲的英文"Leisure"在词义学的考证中，也可以追溯来源到希腊语和拉丁语。希腊语中"Skole"，拉丁语为"Scola"，意为休闲和教育，均认为必须从娱乐中得益并提高文化和修养水平，要求以一定的受教育程度为前提，并将有社会价值的娱乐区别于其他娱乐。可见英文中"Leisure"休息、消遣的成分也不大，主要是指"必要劳动之余的自我发展"。

在中国古代文化中，休闲被认为有"致用、比德、畅神"三层境界。原始社会人们在狩猎、丰收之余的庆祝、祭祀等各种活动可谓是一种发自本能的行为，一种游戏、喜悦和休闲意识相结合的自然冲动。而随着社会发展、阶层分化，产生了有将时间花费在休闲行为上的能力，通过休闲实现个人意图和目的的阶层，可以看作是休闲境界的第一层，"致用"境界。从这个角度看，"致用"相当于一个门槛、制约条件，无独有偶，现代农业休闲研究也曾提出年收入达到4 000美元后人们才会开始踊跃参与农业休闲的"临界点"概念。"比德"则在"致用"层次的休闲中"以人驭物"通过对外物的使用满足自身的基础上，赋予休闲客体一定的精神和人格力量，表现出一种人格的比拟关系，在自然对象上赋予抽象的道德伦理体系，寻找感性支撑与理性内容之间的某种契合。例如，"智者乐水、仁者乐山""岁寒三友""君子比德如玉"等均是这种境界的语言反馈与表达。南朝宋画家宗炳在《画山水序》中指出："圣贤暎于绝代，万趣融其神思。余复何为哉？畅神而已。神之所畅，孰有先焉。"提出"畅神"境界，随后中国艺术作品中追求"畅神"审美境界成为一种时尚。休闲的"畅神"意味着休闲者的心境澄明自在，心无羁绊，拥有远离功名利禄的"自由"之心，如庄子所推崇的"坐忘""逍遥游"。总之，休闲的主体进入一种超然，超脱世俗公立的"超然物外、神游天地"的思想、审美升华的境界。

第二节　农耕社会下的农业休闲

作为5 000年传统的农耕大国，中国人的休闲从古而来就和劳作、养生相互关联，靠天吃饭的农业产业特点使中国古人的休闲理念带着明显的对自然的敬畏、顺应和依赖，体现着"万物并育""相生相克""天地人和"等淳朴的生态思想和农耕文明哲学思想。

作为人类"四大文明古国"、人类的发祥地之一，我国的农业和农耕文化曾在很长的历史时期位于世界前茅。旧石器时代中国人就有了传说中的燧人氏"钻燧取火"，伏羲氏"以佃为渔"，进入新石器时代，神农尝百草的传说就代表了中国古人进行"刀耕火种"农耕粗放开垦的尝试。黄河流域为主体的夏、商、周到春秋战国，是中国农业从粗放农业进入精细农业转变期。从商周时期的青铜农具到春秋时期的"铁犁牛耕"，一家一户男耕女织自给自足的小农经济为代表的中国传统农业社会生产模式形成。春秋时的"垄作法"，汉代的耦犁、耧车和农田水利设施；隋唐发明的曲辕犁，江南地区的稻麦轮作，一年两熟；明清风力水车均代表了当时世界农业生产的最高水平。供养了当时世界上最为稠密的人口和最活跃的经济，促使中国走向封建社会的巅峰，产生了大量的以地主阶层为基础的士人集团，也是古代休闲的重要主体。

即便中国当时农业的发达程度，依然摆脱不了自然气候变化，天灾人祸对农业产业的极大影响，"靠天吃饭"的传统农业特点与以此为经济基础的社会发展，使中国传统休闲从古而来就和劳作、养生相互关联，休闲理念带着明显的对自然的敬畏、顺应和依赖，体现着"万物并育""相生相克""天地人和"等淳朴的生态思想和农耕文明哲学思想。

封建时代作为劳作主体的农民阶层受历朝不断重复的土地兼并和大土地贵族集团的盘剥，终年劳作不休，难得有休闲的心境和时间。唯有丰收之余，年节时令举办的带有宗教、祭祀和家族仪式的若干活动成为他们的主要休闲方式。即使明清之后在军队和市井中逐渐兴起的纸牌（牌九）和麻将等休闲游戏，也在很长一段时间内与农民阶层无关，因而，丰收休闲和节庆休闲是农村休闲的主要形式，也渗入传统农耕文化的各个角落。

现代休闲理论认为农业休闲的吸引力在于景观和体验的异质性吸引力。前文谈及休闲的"致用"是一个门槛界限；有钱有闲摆脱了农耕劳作的贵族和士人阶层是古代休闲的重要主体。尤其是文人士大夫们受心境和人生际遇的影响，有着归隐山林，返耕田园的习惯，潜心追求躬耕田园的乐趣和回归自然生态的宁静。"采菊东篱下，悠然见南山"体现着田园生活的写意，"孤舟蓑笠翁，独钓寒江雪"透露卓然自在。"枯藤老树昏鸦，小桥流水人家""苔痕上阶绿，草色入帘青"对景对物的描写都显现着作者对自然的亲近和远离庙堂喧嚣的安宁。唐宋之后，随着江南经济的迅速发展，文人士大夫作为主要设计者和建设者的私家园林等各种园林景观成为寄托他们人生意识、思想意境的主要休闲场所和形式。通过营造空间的自然意境，通过"师法自然""移步异景"引导人们从小空间联想到大空间，所谓"纳千顷之汪洋，收四时之烂漫"引发人生感悟，抒发、宣泄内心情感，得"念天地之悠悠，独怆然而涕下"的共鸣感。

我国是一个有 5 000 年历史的农耕大国，常言道："民以食为天"，华夏民族发展的历史长河中，农业起到举足轻重的作用，我国也形成了独具特色的农耕文化和农耕模式。经历与自然界的长期接触，在早期传统农业的发展中的生态性，中国传统文化的休闲思想，对现代休闲农业的发展仍然具有重要的借鉴作用和指导意义。

从生态学视角看，中国传统农业本质上是一种生态型的农业，即使在日复一日的精耕细作中依然蕴含着丰富的休闲思想，体现为注重物质循环利用，生态施肥；掌握和利用物种关系，以提高产量；运用"三才"论对农业生态系统进行整体调控等生态思想（罗顺元，2011）。

第三节　中国传统农业的生态思想

1. 生态施肥思想

我国古代人民探索了诸多改良土壤、恢复地力的方法，最重要的途径是有效施肥。《齐民要术》中就有记载将牛踏过的农作物秸秆、杂草堆沤后重新作为肥料还田。南宋更有著名的"地力常新壮"理论，将"扫除之土，燃烧之灰，簸扬之糠秕，断蒿落叶，积而焚之，沃以粪汁……以粪治之，则益精熟肥美，其力当常新壮矣……"废弃物施肥后土地更肥沃，作物产量更高。元代《王祯农书》提出"惜粪如金"，将"苗粪、草粪、火粪"等分门别类，以达到"变恶为美，种少收多"变废为宝的效果。

明朝后，生态施肥思想体现得更为突出。《天工开物》是我国古代的一部科技巨著，为明朝著名科学家宋应星所作，百科全书式地记载了中国古代尤其是明代农业和手工业的生产技术和经验，享誉世界，对世界农业的发展产生了深远影响。《天工开物》中详细记载了利用畜粪便、秸秆等废弃物作为原料的施肥方法，体现变废为宝，提高废弃物利用率的思路，其蕴含的丰富的生态思想与现代生态农业倡导的废弃物循环利用、废弃物资源化的理念具有一致性。

2. "三才"论生态思想

农业生态系统有别于自然生态系统，受人类社会经济活动和自然生态规律的综合影响和制约。"人是农业生态系统的核心"，在农业发展中只有处理好人、自然环境与农作物之间的关系，才能促进农业生态系统协调和谐发展。"三才"论在我国传统农业中起到举足轻重的作用。"三才"指天时、地利、人和，是传统农业发展的三大要素，要求"顺天时，量地利"，以及"中用人力"。顺天时即顺应农作物自然生长规律，传统农业根据气候与时令的变化进行耕作，积极主动适应自然规律。《吕氏春秋》强调了时令的重要性，"圣人之所贵，唯时也。水冻方固，后稷不种，后稷之种必待春。"若违背时令进行生长易颗粒无获，"所谓今之耕也营而无获者，其蚤者先时，晚者不及时，寒暑不节，稼乃多菑"。《天工开物》记叙了水稻浸种的最佳时节范围，"湿种之期，最早者春分以前，名为社种（遇天寒有冻死不生者），最迟者后于清明"，不宜过早或过晚；水稻的分秧同样强调时令，要"秧生三十日，即拔起分栽"，否则就会减产（罗顺元，2010）。土地为农作物生长提供必要的营养物质，土壤的理化性质对农作物生长发育有重要的影响。《管子·地员》论述了90种土地及各自适宜种植的农作物，"凡土物九十，其种三十六"[（春秋）管仲著，刘柯，李克和，译注（2003）]蕴含农业发展因地制宜的理念，表明我国较早地将农业生产效果与土壤相关联，体现"量地利"的生态思想。明代《天工开物》则记录了不同酸碱性土壤的耕种方法，"土性带冷浆者，宜骨灰蘸秧根（凡禽兽骨），石灰淹苗足，向阳暖土不宜也"[（明）宋应星著，钟广言注释（1976）]，说明地宜、物宜观得到进一步深入的发展。

现代休闲农业发展多借鉴古时的顺天时、量地利和用人力的生态思想，以调控农作物生长的关键因子，促进生态系统有机和谐统一发展。我国传统农业也十分强调"用人力"，《韩非子》记载："务于畜养之理，察于土地之宜，六畜遂，五谷殖，则入多；……入多，皆人为也"；《天工开物》中记载"凡稻，土脉焦枯，则穗实萧索。勤农粪田，多方以助之"，《麦工》[（战国）韩非子著，任峻华，注释（2000）]也提到采用人工灌溉应对旱情和设法疏水应对洪涝等灾害，都在强调人的主观能动性在土地耕种中的作用，体现用人力精耕细作的农耕文化。

3. 相生相克思想

农作物生长存在光、水分、肥料、空间等资源的竞争，表现为通过固氮作物对其共生作物和相邻作物具有的促进生长的作用，因此具有相生相克的复杂现象。我国古人善于利用农作物之间相生的关系，巧妙地进行耕作。《农政全书·蚕桑广类》记载："蚕豆种花田中，冬天不拔花秸，用以拒霜，至清明后拔之。"这是古人通过长期生产实践总结出利用植物分泌物促进固氮作物生长，得出豆类宜以棉、麦作前茬的经验。作物间的相克因素也用于对新开垦的土地进行除草。据记载，芝麻"入米仓不蛀"，古人用芝麻置于刚开垦的土地用以抑制杂草，将秸秆埋入土地可抑制地下茎的生长，挂在树上也可以防虫；除了农作物，对于动物间相生相克关系也有明确的探索。《齐民要术·养鸡第五十九》曰："二月，先耕一亩作田，秣粥洒之，刈生茅覆之，自生自虫，便买黄雌鸡十只，雄一只"，体现古人养虫饲鸡的悠久传统。清代，广东《（光绪）高阳县志》记载了当地"基种桑，塘畜鱼，桑叶饲蚕，蚕屎饲鱼，两利俱全，十倍禾稼"的状况，说明清代已利用相生相克思想，结合种植业和渔业，构建桑、蚕、鱼之间互利共生的复杂多层次的生态系统（付嘉，2006）。

4. 资源保护思想

我国地大物博，资源丰富，古时也十分注重资源保护。早在先秦时期已有出台保护自然资源的相关法令。《逸周书·大聚解》中有如下文字："春三月，山林不登斧，以成草木之长；夏三月，川泽不入网罟，以成鱼鳖之长。"（马华阳，2008）《吕氏春秋》中以月令的形式精准规划了伐木、用草、捉野兽等合适的时间，并指出："竭泽而渔，岂不获得？而明年无鱼；焚薮而田，岂不获得？而明年无兽"，无一不体现自然资源不易再生要妥善保护的思想。我国古代传统农业以种植业为主，"山林树泽"是宝贵的自然资源，也是重要的耕种对象，被誉为"物之钟""国之宝"。《管子·八观》又说："山林虽近，草木虽美，宫室必有度，禁发必有时……非私草木爱鱼鳖也，恶废民于生谷也。"（孟凡涛，2009；付嘉，2006）《齐民要术》说："丰林之下，必有仓庾之坻"，集中体现了对生态系统的保护，体现了传统农业的生态思想，具体到对水、土地资源、野生资源的保护也有详细的史料记载。《管子》一书强调水的重要性，曰："水者，何也？万物之本原也"，指出万物生长离不开水，水是生命之源的重要性。《礼记·月令》于仲春之月有"毋竭山川，毋漉陂池"之语，提出不能竭尽水源，要开源节流，通过节水措施合理利用水资源。儒家思想认为土地包容万物，厚德载物，是万物生长的载体，儒家将"辟草莱""任土地"滥用土地的行为视为大罪，十分注重保护土地的价值，也制定了详细的土地资源利用时间表，根据时令变化加强对耕地农用地的保护（杨培源，2011；张壬午 等，1996）。

第四节　中国古代生态休闲思想案例

1. 哈尼梯田

哈尼梯田是哈尼人几千年来农耕文化的宝贵成果。哈尼人的祖先以游牧为生，青藏高原是哈尼人最早生活的地方，后因气候条件恶劣南移至哀牢山脉定居，至今仍保持较为原始、古朴的生活方式。如今哈尼人泽水而生，倚靠梯田，生活方式早已从游牧民族蜕变为食用鱼类，使用谷船、酿酒锅等农耕用具的农耕民族。今日的哈尼族仍秉持千年来的文化传统，对自然与和平有着深层的崇拜与敬意。哈尼人认为森林是生命之神，在建立村寨前必须选定一棵高大笔直的树作为寨神，以庇护族人的平安。哈尼人耕种梯田却从不砍伐森林，根据祖辈留下来的传统，保护森林即保护水源，只有充沛的森林资源才能保证充足的水源。哈尼人生活的区域海拔从 100 米到 3 000 米不等，如何保证每个区域都有充足的灌溉水源和生活用水是严峻的问题。哈尼人创造了自然分水法，根据每家每户对梯田投入的劳动量确定分水量，并设有管水员，附带制定 20 多条详规（江南，2010）。经过数年，哈尼人的水资源管理系统日臻完善，保护水资源的过程体现了哈尼人顺应天时、尊重自然、可持续发展的民族智慧。

经过多年的发展，如今的哈尼梯田在纵向空间上形成了森林、村寨、梯田、河谷等沿等高线分布的空间结构。每个结构内水源充沛，水系分布合理，排灌自如，能在各个空间内良性循环，自发维持各系统间生态协调。基于上述结构，衍生出了森林生态子系统、村寨文化子系统、梯田生态子系统和河谷子系统 4 个生态农业循环系统（朱青晓等，2005）。各系统之间的物质与能量交互通过水系系统进行，系统内部各子系统之间具有良好的空间结构及功能的协调性。

森林子系统水肥、微生物与养分通过水流自上而下输送至下游的村寨，最后用以灌溉梯田，再以田为渠最终流向河谷。森林位于村寨上方，形成天然的绿色屏障，保护村寨，涵养水源，同时将村中农业废弃物、牲畜生活粪便沤肥，在农耕时节通过水沟将肥水引送到田间施肥，使水资源得到充分的利用。哈尼梯田生态系统具有森林、村庄、梯田和江河"四度同构"的特征。这种结构顺应自然规律，具有良好的生态环境保护功能，将能量流、物质流、信息流融为一体，形成独具创造性的农业生态循环系统，是哈尼梯田可持续良性循环发展的根本原因，也是我国休闲生态循环农业发展的典型案例。

2. 中国古典园林

中国古典园林都是生态型园林，沉淀古代园林工匠千百年的智慧，已形成一套完整的园林体系，而"自然"属性则是古典园林生态休闲思想的核心内容。中国古典园林的造景艺术灵感源于自然，又尽力不留人为痕迹，力求达到人与自然有机结合，各要素和谐共生，达到了行云流水、宛如天成的境地，是我国重要的历史文化瑰宝之一，被赞誉为"世界园林之母"。

我国古典园林取材源于自然，园林艺术工作者在景观设计、叠山理水时强调自然逸趣，对于园中肌理色彩、纹路构造都讲求"天然去雕饰"的质朴美感。古典园林的"框景"就是重要的造景手法之一，以门窗为框，以假山、花草、建筑为元素，以镂空手法，将植物形态融入门窗、屏风的设计中，如瓣式、梅花式、片月式等（曾艳，2010），光影婆娑，亭台楼阁与色彩变幻交织呈现，赋予园林移步异景的巧妙。但取材自然绝不是照搬式的模仿，而是以自由开放的布局、创造性的构想将大自然的鬼斧神工浓缩于园林的方寸之间。园林造景中的假山、盆景、池塘、花草绿植等无一不体现大自然的灵性，既有自然风光的重现，也有人与自然和谐共生的奥妙（陈宓，2017），充分体现了古人顺应自然规律、"天人合一"的思想。

此外，古典园林设计也体现了生态环境保护思想。"让一步可以立根，斫数桠不妨封顶"，不仅在选址上避开原有的古树，巧妙地利用气候特点、地势高低进行造景，充分体现了古代园林匠人对自然的爱护，能够最大限度地维持原有的生态环境。明清时期的房屋建造大多采用木质结构，在古代园林工作者的精巧设计下，故宫、颐和园等建筑通过穿插梁柱、配合檐枋，雕梁画柱与亭台楼阁穿插其中，既能实现冬暖夏凉、通风避雨的宜居功能，又无过量能源废弃物排出，堪称维护自然环境的美观的环保建筑，一改砖石结构的沉闷之气，充分展现了我国古代园林的大气秀美，是我国休闲农业思想体现的典型案例。

第五节　传统休闲文化对现代休闲农业的启示

现代休闲农业是指开发利用农业和农村资源与产品，在开展农业生产的基础上通过文化创意与游赏项目策划等结合观光、休闲、旅游的一种新型农业产业形态。实现深度挖掘资源潜力、改善环境、调整产业结构，提高经济效益的目的。

社会形态、经济发展、生活方式、思想认识、科技认知等的进步，使现代社会与古代社会有了天壤之别，但传统休闲思想与文化仍对当代休闲农业有着重要的启示。

1. 一以贯之的生态理念与思想

现代休闲农业兼具了第一产业和第三产业的特征，基于观景、休闲、旅游度假的需求，对生态环境的要求不断提高。现代休闲农业发展应汲取古人天人合一、顺应天时的思想精华，遵循生态学、生态经济学原理，以保护大自然，改善生态环境为主旨，运用系统工程方法、现代科学技术和现代管理手段，构建经济效益、生态效益和社会效益并重的当代休闲农业。发展休闲农业应始终遵循可持续发展的理念，尽可能提高农业资源使用效率，保证生产要素可利用资源不被耗尽和破坏，促进一、二、三产业融合发展，确保生态休闲农业能够可持续良性发展。

2. 突出展示的产业、景观环境的异质吸引

遵循因地制宜原则，立足当地特色优势产业，采用新技术方法，构建特色鲜明的产业形态，以创造更多就业岗位，发挥产业的集聚效应和叠加效应，辐射带动当地经济增长。挖掘当地文化特色，营造和谐宜居的美丽乡村景观环境。风貌既要保留原生态的自

然山水景观，避免过多的人工改造痕迹，又要突出地域文化特色，选准突破口，打造具有异质性的景观环境和区域文化特色的休闲旅游名片。

3. 源于传统与历史的文化差异与创意

构建和谐统一的村镇风貌，新建建筑体量适宜，形式与传统建筑风貌相协调，保留原有的景观特色和田园风光。既要植根传统文化，又要在传统文化基础上有所差异、有所创新。基于本土文化特色的基础上，注重新兴文化的培育和打造，进一步创新利用文化资源，提升文化品位，增强文化竞争软实力，形成具有自身文化特色的创意景观，以实现景观资源的可持续发展。

第二章

国内外休闲农业发展
历史及经验

休闲农业即观光农业、旅游农业，是以农业资源、田园景观、农业生产、农耕文化、农业设施、农业科技、农业生态、农家生活和农村风情风貌为资源条件，为城市游客提供观光、休闲、体验、教育、娱乐等多种服务的农业经营活动（韩顺琼，2016；常运书，2015）。

观光休闲农业最早起源于 19 世纪 30 年代的欧美国家，至今已有 180 多年的历史，国际上关于观光休闲农业并无统一的概念或定义。在查阅国外相关文献中，关于观光休闲农业世界各地的称呼也不尽相同，欧美国家常用乡村旅游（Rural tourism），而日本等亚洲国家则习惯用观光农业（Agri-tourism）这一概念。此外，乡村旅游（Rural tourism）、观光农业（Tourist agriculture）、农场旅游（Farm tourism）也属于常用的表达法（王兴水 等，2006）。

第一节　国外观光休闲农业起源

在 19 世纪初，第二次工业革命后，由于工业化进程持续加快，都市紧张快速的生活节奏使民众渴望回归田园放松身心。与此同时，乡村人口老龄化、乡村经济发展停滞不前等问题亟待解决。基于上述背景，政界人士和专家学者努力探索建立新型产业，以解决乡村日益严重的剩余劳动力问题。

19 世纪 30 年代，欧洲大陆最先出现了农业旅游，1865 年，意大利"农业与旅游全国协会"的成立标志着休闲农业的产生（刘齐光，2014）。协会成员带领城市居民体验乡村生活，与农民同吃同住，搭建营地帐篷，体验乡间野外的田园逸趣，是早期观光休闲农业发展模式的雏形。

第二次世界大战后，随着欧美经济的复苏，城市化进程加快，城市拥堵的环境，激烈的竞争氛围使民众对乡村田野的渴望达到了一个新的高度。传统自然景观园区已无法满足当时的民众需求，具有观光职能的农业专园逐渐诞生。农业园区不仅具备观光功能，还提供餐饮、住宿等多重服务，这标志着休闲农业打破传统农业的束缚，成为与旅游业相结合的新型交叉型产业。

20 世纪 90 年代至今，观光休闲农业持续快速发展，更多趣味性的游赏项目被发掘应用到农事观光体验中，传统的单一、静态的休憩模式逐步向多元化、特色化、现代化的旅游模式转变。目前德国、英国、以色列、日本等发达国家的观光休闲农业发展水平较高。观光休闲产业逐步发展成为融农业与旅游业为一体的新型产业，成为休闲产业的重要组成部分。

第二节　国外观光休闲农业发展历程及特点

1. 美国

美国休闲农业的发展可以追溯到 19 世纪，距今已经有 100 多年的历史。第二次世界大战后，美国政府为了解决食物过剩的问题，着力推行农地转移计划，即协助农民将农地转移作非农业领域使用，并给予相应的经费支持（徐启明，2011）。农业部推出的农地转移政策，为休闲农业旅游产业的发展提供了制度支持。20 世纪 70 年代，到农村去骑马、骑牛，体验乡村生活成为一种新潮流，仅在美国东部地区的休闲农场数量就超过了 500 个。当时的休闲农场经营模式为：城市市民和农场农民，双方按一定比例出资作为农村建设的基础资金，休闲农场生产的各种农产品、养殖品，要确保新鲜、环保、高品质，同时以低于市场价的价格向城市居民输出，打造城市居民和农场农民互利共赢的模式，这一举措也有力地推进了休闲农业的发展（任中霞，2017）。

美国地广人稀、土地面积大而平整，乡村环境优美、配套设施完备，具有发展休闲农业得天独厚的优势，也因此吸引了全世界的游客慕名而来（韩林平，2013）。20 世纪 80—90 年代，度假农场、早餐加住宿的乡村旅馆以及商业旅游等形式十分普遍。另外，在发展休闲农业旅游的过程中，美国政府部门不遗余力地加大了休闲农业旅游产业的宏观调控力度，且积极出台相关政策，设立相关协会和相关专业机构，重点支持休闲农业旅游产业的发展。

1992 年开始，美国政府成立了"农村旅游发展基金"和"国家乡村旅游基金"，各州政府也设立了专门的乡村旅游委员会，为发展休闲农业的农场主、各类经营者提供相关的咨询和服务。农业部门专设多项扶持基金，对符合条件的地区和个人经营者开设绿色通道，农业部还下设了专门的乡村委员会，大力支持各团体协会组织的自发建立，提供咨询及指导等增值服务。城市规划局也将农业休闲产业融入规划建设中，并从交通、住宿等配套措施方面加以完善（周颖悟，2016）。除了专项扶持基金外，美国还专门设有全国农业法规中心保护休闲农业发展。其法律法规可划分为一般法律、雇员法和经营范围法三大类（刘齐光，2014）。

近年来，美国还巧妙将传统民俗文化、农事体验、地域风情与重大传统节日融合，应运而生的草莓节、南瓜节等，已经成为美国本土休闲农业旅游的名片，例如，旧金山每年举办的南瓜艺术节是举世闻名的休闲农业节庆活动，每年的经济收益近千万美元；美国得克萨斯州的波蒂特草莓艺术节，2003 年被评选为最精彩的地区艺术节之一。同时，美国政府及社会非常重视乡村景观保护，致使美国的休闲农业世界影响力巨大，具有丰富的发展经验，是全世界发展休闲农业的楷模。

2. 德国

德国休闲农业发展有悠久的历史，早在 19 世纪，德国农民将自家牛舍、猪舍改造成餐饮区或客房，吸引城区市民到乡村休憩、度假。19 世纪后期的"市民农园"体制标志着德国休闲农业的正式诞生，"市民农园"起源于中世纪德国的贵族。当时德国政府为提高居民收入，将郊区公用土地划分后，低价转租给居民，一方面作为自家的菜园，让他们独立种植，承租者可在该地块上种花草、树木、蔬菜、果树或庭院式经营，以实现家庭瓜果、蔬菜等自给自足，改善生活质量；另一方面意在引导市民建立健康的饮食习惯和积极向上的生活理念。

德国还是休闲农业发展最早规范化的国家。1919 年，政府制定了《市民农园法》，成为世界上最早市民农园法制定的国家。1983 年，德国政府重新修订《市民农园法》，历经多年的发展，"市民农园"已为越来越多的都市人提供体验农家生活、亲近自然的机会，使市民能够享受休闲度假的田园逸趣，其经营方向也由生产导向转向农业耕作体验与休闲度假为主，即生产、生活及生态三生一体的经营方式（朱俊峰，2018）。

目前，"市民农园"呈兴旺发展之势，其产品总产值占德国农业总产值的 1/3。目前德国共有 102 000 个"市民农园"，占地面积达 46 640 公顷，提供了将近 400 万个就业岗位，主要是参与"市民农园"的种植和管理。由于"市民农园"强调环境保育及休闲功能高于粮食生产，提供足够的绿野阳光的空间为城里市民所享受，满足城市居民需求，适宜城市居民身心发展，故至今具有较强的生命力，成为休闲农业发展的典范之一。

3. 法国

法国休闲农业于 1955 年起步，同样具有悠久的历史。最初法国的休闲农业仅是贵族的消遣娱乐活动，20 世纪 70 年代后，随着 5 天工作制的推行，越来越多的上班族在周末渴望到周边农场放松身心，欣赏自然风光，体验乡野生活，极大地促进了"工人菜园"的发展，法国的休闲农业发展逐渐兴盛。20 世纪 80 年代初期，法国的休闲农场数量超过 20 000 个。

法国休闲农业主要由政府、社会团体、农民协会以及各类中介机构助推发展。农民协会是广大农民利益的代表，负责全方位指导、培训和帮助农民，同时也与政府进行合作，共同推动和规范休闲农业的发展。1998年，法国设立农业及旅游服务接待处，并联合法国农业经营者工会联盟等专业农业组织，设计研发了"欢迎莅临农场"组织网络，得到农户的热烈响应，当时有3 000多个农户加盟。该组织网络制定乡村旅游方面的相关辅助政策和专门条例，规范农场日常经营行为，防止恶性竞争，并详细规定禁止售卖或采买远方农场的农产品类型，保障每个农场经营特色化和专业化，有力地提高了法国休闲农业在全球的竞争力。

法国休闲农业最典型的特点是以农场为基本单元，根据农场规模，可大致划分为大型农场和中小型农场（晶侬，2011）。据统计，法国现有农场101.7万个，大于50公顷的农场17.2万个，占农场总数的17%；小于50公顷的中小型农场约84.5万个，占农场总数的83%，总体上看，以中小型农场为主。根据农场的组织形式大致可划分为共同经营集团、有限责任农场和个人农场等，其中个人农场占较大比重。依照专业化来划分，农场可分为水果农场、蔬菜农场、畜牧农场等；依据农场所提供的功能及服务来划分，可细分为骑马农场、狩猎农场、农场客栈、教学农场、农产品农场、点心农场、探索农场、暂住农场和露营农场9种农场。

目前法国从事乡村旅游的农户超过1.77万户，乡村休闲旅游的比例超过1/3，法国旅游收入的1/4来源于休闲农业和乡村旅游，已成为法国经济重要的支柱产业之一。法国农场以专业化经营和丰富类型著称，为了尽可能发挥休闲农场的专业功能，休闲农场还与餐饮、住宿、教育等各对应行业或领域的大型社会团体缔结互助联盟，尽可能争取有利的政策支持，通过合作实现了和同行业机构之间的共赢。

4. 日本

日本是较早步入发达国家行列的亚洲国家，20世纪60年代，日本经济快速发展，大量的农民涌入城市，农村劳动力不断减少，农村土地普遍出现过疏化现象。日本作为东亚岛国，多火山、易地震，资源匮乏、人均用地紧张，农业规模有限，难以兴建大规模的休闲农场。虽然受到地理资源条件的限制，但日本山地较多，植被变化多样，为休闲农业的发展创造了得天独厚的条件。

日本政府希望通过政策引导来发展休闲农业，希望通过当地的自然景观、独特的历史文化内涵和风土人情来吸引游客，因此，日本建立了以绿色观光农园为代表的休闲农业体系。日本的休闲农业是以工业及科技优势为依托的产业格局，它起着"食"与"绿"两方面作用，一方面通过农园吸引市民租地经营，农民在公园里生产、生活、休闲，实现了农业、农村和农民一体化经营管理（张胜利，2013），使市民能够拥有生活所需的各种新鲜的农副产品；另一方面，为市民营造生存所需的绿色生态环境，发挥其保持生态平衡，抗灾防灾等公益功能。经营形态主要包括银发族农园、市民农园、农业公园、观光农园、观光渔村、民俗农庄、体验农业园等。

日本休闲农业奉行"回归自然"的理念，强调市民实践体验，为了提高市民体验的满意度，日本政府持续投入了大量经费用于农业观光农园的建设，例如，为了有效推动绿色观光旅游体制、景点和设施建设，政府制定了一套完整的农业土地法律体系，在硬件配套设施、税收、补贴等方面给予许多优惠政策。为了增加对城市市民的吸引力，观光农园极具诗情画意，内设动物广场、牧场馆、花圃、跑马场、射击场等各具特色的设施，为了便于城市市民前往农园，观光农园距离都市的车程为 0.5 ～ 1.5 小时，同时配有完善周到的服务，吸引了大量的游客前往，使休闲农业大量盈利，有力促进了日本经济的发展。

5. 新加坡

新加坡是亚洲经济最为发达的国家之一，也是一个典型的城市型国家，有"花园城市"的美称。因为国土面积狭小，新加坡的农业用地极为有限。为了高效利用有限的土地，新加坡政府希望以高科技引领农业与旅游业的结合，提升科技在农业生产过程中的作用，因此建立以科技示范为核心的休闲农业体系。目前，新加坡国内已成立高新科技农业开发区 10 个，建成农业科技公园 10 个，兼有生产与游览功能的农业生态走廊 50 条。在一个个面积有限的农业展厅内，各类功能分区如蔬菜种植科技示范区、花卉种植科技示范区、鳄鱼养殖科技示范区、海产品养殖科技示范区错落有致地集成在一起。在这些科技示范农业园区内，优先集中展示各地先进的农业科技技术，不仅吸引了大量的农业科技学习人员，也吸引了观光旅游的游客到来。

新加坡通过发展高科技示范的休闲农业，有力改善了农业产业结构、构建了世界一流的花园景观生态环境，同时每年还能吸引全世界 500 多万旅客，盈利超 50 亿美元，成为享誉世界的"绿色旅游王国"（任中霞，2017；刘齐光，2014）。

第三节　国外观光休闲模式发展经验借鉴

1. 政府适度引导与扶持

在休闲农业发展过程中，需要政府的引导与扶持，需要政府部门制定科学详细的宏观战略规划，对现有农业资源进行前期调研，欧美国家实行开发休闲农业旅游与农村区域建设统筹兼顾的策略，根据不同区域的发展特点制定差异性的战略，出台相关政策进行扶持，组织行业专家或第三方机构对当地休闲农业发展的可行性进行分析与论证，对休闲农业的发展情况定期评估。以提高当地资源的利用率和增加农民收入为目标，避免盲目投入造成的经济损失，将资源的合理利用与农民的现实生活紧密地联系起来，以此来颁布行之有效的法案。

发达国家不仅制定一系列政策进行引导，更出台了相关的法律法规，极大地促进了区域科学规划和农业合理开发的可协调性，更从资金角度进行进一步扶持，对发展休闲农业给予金融、财政信贷、保险、专项基金、税收优惠等相关调控手段（周颖悟，2016），保障休闲农业持续长久发展。例如，日本制定的与休闲农业相关的法律法规达20多部，法规体系较为成熟和完善；对休闲农业的精品景区实行以奖代补，并设立专项扶持发展资金。再如在1992年，美国专门设立了"农村旅游发展基金"，推行"旅游政策会议"制度，确保国家的相关政策制定时能够充分考虑休闲旅游的发展前景。

2. 行业协会的有力推动

国外发展休闲农业通常通过成立行业协会，主要在政府、农民和市民之间发挥沟通与联系的桥梁作用。行业协会严格遵循自律、协调、发展的宗旨，制定合理有效的行业标准，引导休闲农业经营者、管理者不断提升管理水平和服务质量；为农民传递先进的休闲农业发展理念和相关的扶持政策，并为农民提供培训、咨询等服务，以提升他们对休闲农业的认知，引导农民挖掘现有乡村资源，与农户、经营者联手共建旅游项目，并大力进行宣传和推广；同时，为市民提供最新准确的休闲农业旅游项目信息和出行指南，并时时对休闲旅游市场进行调研和评估，适时调整发展战略规划，修改行业标准，充分协调资源、技术、人员等配置以及可能出现的行业矛盾，提高休闲农业质量，促使产业利润最大化。例如，美国的国家乡村旅游基金会、法国农会、罗马尼亚乡村生态和文化旅游协会、爱尔兰的农舍度假协会、西班牙的乡村旅游协会等各种乡村旅游协会，极大地提高了发达国家乡村休闲农业旅游产业的经营和发展效率。

3. 以市场为导向，优化资源配置

国外休闲农业发展坚持以市场为导向，充分利用当地的乡村资源优势，优化农业区域发展布局，形成市场、企业、农户一体，综合种植业、养殖业、外贸、科普等多行业的灵活机制，推动传统农业向现代农业的转型升级。例如，澳大利亚依托本地葡萄酒的产业优势，拓展延伸观光旅游、休憩、体验和高端度假游等新型农业旅游职能，开发休闲旅游新型产品组合，有力带动本土农副产品加工、餐饮住宿等相关产业发展，实现农业与旅游业的协调均衡发展。

此外，发达国家优化资源配置，因地制宜制定差异化发展战略，避免乡村景观的城市化和同质化现象，打造品牌农业与特色名片。例如，法国休闲农业旅游的特色是葡萄酒，而德国的是度假农庄，美国的是丰富多彩的乡村民俗文化节。注重对当地资源环境和原始文化的保护，监督和重视控制休闲旅游项目造成的环境污染，注重提升传统文化内涵、提高公民素养，促进人与自然和谐共生，良好和谐的乡村自然生态环境和优美的田园风光为休闲农业的发展奠定了良好的基础，从而创造了良好的社会效益、经济效益和文化效益。

第四节　中国休闲农业发展的进程

改革开放后，受发达国家影响，自 1980 年起，休闲农业在国内萌芽，大多呈自发式发展。农村地区的许多农户利用当地特有的旅游资源，开发了各式各样的休闲农业活动。1986 年，河北省涞水县野三坡依托当地特有的自然旅游资源，推出休闲旅游活动，3 年内共接待游客 89 万人，旅游受益范围辐射周边 6 个乡、27 个村，直接从事旅游服务的农民达到 3 000 多人，建家庭旅馆 600 多户（付华 等，2007），社会经济收益超过1 000 万元，有力带动当地居民致富，推动当地经济的发展。

在 1991 年之后的 10 年时间，休闲农业逐步进入大踏步发展阶段，率先在部分发展较快的东南沿海大城市以及旅游景区进行休闲农业观光模式的实践。大多以观光农园和休闲农场为主的休闲方式，与这些地区的经济发展水平高、有吸纳外资的能力有关。可供观赏的采摘农业是当时休闲农业及观光农业发展的主要形式。据统计，1996—1997 年度投资 1 亿元以上的休闲农业项目在 7 个以上。1998 年是以"华夏城乡游"为主题旅游年，"吃农家饭、住农家屋、做农家活、看农家景"构成农村旅游的特色（付华 等，2007）。1999 年全国已开发观光农业相关的项目 100 多个、景点 50 多个（顾芸明，2014），学术界也高度重视观光农业发展，我国还首次召开了全国生态农业旅游研讨会及相关研讨会。观光农业成为我国 90 年代农业现代化的新名片。

2001 年至今是我国休闲农业高速发展的阶段，生产经营模式已经逐步趋于现代化应用水平，各项与农业有关的观光旅游项目得以较好发展，并且对其发展规模及价值定位制订了具体的评判方案（韩顺琼，2016），使经营方式更加科学化及长远化。进入 21世纪以来，人们的观念发生了巨大转变，崇尚绿色环保消费、健康快乐生活的核心成为休闲农业的主要消费核心理念。休闲农业项目的开发逐渐与绿色、环保、健康、科技等主题相结合，更加注重项目的体验性、娱乐性和科普性。科技农业示范区、现代农业园区的建设在规划设计时就充分考虑这种多功能需求结合的要求。例如，北京锦绣大地、苏州西山现代农业示范园等项目的建设都体现了这种设计理念。休闲农业作为一种新型的旅游消费方式正逐渐被接受。

现有休闲农业项目主要分布在北京、上海、广州、深圳等一线大城市的周边，其中以珠江三角洲地区最为发达。广东现已有 80 多个观光果园，每年接待旅游者 400 多万人，旅游收入 10 多亿元（付华 等，2007）。通过学习借鉴国外发展休闲农业的经验，引进具有国际先进现代农业设施的农业观光园，集中展示计算机自动控制温度、湿度、施肥、无土栽培的先进技术和新特农产品种，兼备观光、游赏、体验、科普等多功能。

近 10 年来，我国休闲农业呈蓬勃发展的态势。2018 年，全国休闲农业和乡村旅游接待人次超 30 亿，营业收入超 8 000 亿元；截至目前，全国已创建 388 个全国休闲农业和乡村旅游示范县（市），推介 710 个中国美丽休闲乡村[①]。2018 年 10 月 31 日，农业农村部在江苏省溧阳市召开全国休闲农业和乡村旅游大会，要求各地突出特色化差异化多样化、提升设施服务管理水平，抓好规划引领、精品打造、规范管理、设施完善、业态丰富，推动休闲农业和乡村旅游转型高质量发展。

第五节　中国休闲农业发展的特点

近几年，我国休闲农业呈高速发展态势，休闲农业集外在的景观生态资源和内在的生产条件为一体，有效延长农业产业链，促进三产融合，增加农业附加值，提供了大量的就业岗位，有力提高了农民的收入。丰富多彩的休闲农业园区里面添加上各式各样现代农业的元素，无论是观赏，还是种植劳作，都已经成为都市人群放松身心、体验乡村生活的好去处（汪静，2016）。我国休闲农业发展主要经历了以下方面的转变：由最初的自发式探索发展到具备规范流程的大经营方向运作；由最初的单一、单向特点向多元、丰富、具现代化特色的多种经营方式并存的方向进化；从单一的采摘观赏到目前的集交流、体验、观赏为一体的全面经营的高端休闲项目；由最初以生产及经营为主的盈利模式转移为更侧重休闲体验，融入环保、生态、绿色等创新发展理念；地域层面也由沿海发达地区向西北部内陆地区扩展，由大城市向中小城市发展，有力辐射带动周边地区经济发展。

目前国内的休闲农业发展主要有以下几种类型。

---

① http://travel.china.com.cn/txt/2019-02/14/content_74465068.htm

1. 城市周边"农家乐"

城市周边"农家乐"是我国较早的休闲农业旅游模式，以家庭为经营单元，呈自发式的发展，大多是农民利用自己的菜园、房间，为城市居民提供采摘、民宿体验，大多位于城市或自然风景区周边，农户用种植的无公害绿色蔬菜水果，制作特色菜肴来招待游客，并提供民宿让游客体验质朴的乡村生活，缓解了景区住宿供应有限的问题。由于其经营成本低，成为农民改善生活提升收入的途径，是最普遍的休闲农业发展模式之一。

2. 大型观光生态农业园

大型观光生态农业园是发展较为成熟的休闲农业模式之一，主要利用乡村原有的农田、林地、池塘等优质景观资源，打造大型观光生态农业园区，一般园区规模较大，能够吸纳较多的游客，也是亲子活动、企业活动的良好平台。通过举办体验农耕、果蔬采摘等不同的主题旅游活动，并提供食宿、土地认养、农业知识简介，将各种观光、体验、休憩等游赏项目有机结合，给游客带来丰富的异质性体验，激活休闲农业发展。该模式是以观赏度假为主的非参与型，同时兼具一定的科普教育功能，有效衔接一、二、三产业，对休闲农业发展有很大的促进作用。

3. 民俗风情观光园

我国少数民族众多，各民族都具有独特的人文内涵和民俗风情。该模式以在乡村振兴、打造美丽乡村的大背景下，开发具有民族风情的原生态的古民居，保护当地的人文景观，开拓新型乡村旅游模式，打造最美村落、独具特色乡镇，从而推动我国古村落保护和新农村建设工作。该模式重点传播各民族的民俗文化、民族习俗、特色节庆。保留具有民族特征的景观，恢复特色民族古建筑。开展民间技艺、民族节庆活动、民族歌舞比赛、乡村歌唱大赛等旅游活动，增加旅游的文化内涵。

4. 美丽乡村旅游模式

在国家乡村振兴战略、建设美丽新农村的背景下，开发原生态的古村落和新型乡镇观光旅游，打造最美村落、独具特色乡镇，从而推动我国古村落保护和新农村建设工作。以福建为例，福建八山一水一分田，山海兼备，具备得天独厚的生态资源，现已开发出多条美丽乡村旅游路线，以古田会议旧址为代表的闽西红色旅游路线、以南靖土楼云水谣为代表的闽南旅游路线和以南平武夷山、宁德白水洋代表的闽东北旅游路线等。在创建美丽乡村旅游模式中充分发挥森林、滩涂等各种当地特色生态景观，巩固美丽乡村旅游模式发展。

第六节　中国现有休闲农业规划发展存在的问题

我国是一个历史悠久的农业大国，农耕文化的传统延续了几千年，在传统农业观念中，农业的审美价值一直都与丰收紧密相连。休闲农业的兴起既与土地上作物的生长状况有关，也与地块呈现的美感有关，景观规划设计在休闲农业发展中起到至关重要的作用。由于我国休闲农业刚刚起步，早期以自发建设和私家经营的初级粗放式模式居多，总体上看，目前还存在以下几个方面的不足。

1. 规划标准不够明确，缺乏理论基础

我国休闲农业正处于发展初级阶段，尚未制定出台一个科学完整的休闲农业规划的业态标准。由于各地休闲农业发展有一定的自主性，各地地块的资源条件各不相同，出发点和侧重点不一样，目前大多数休闲农业观光园区的规划设计只是包含园区管理、基础设施、项目开发等简单的内容，与第三产业的衔接不够紧密，缺乏整体系统的规划标准，导致定位不够精准、思路不够清晰。此外，国内对休闲农业景观的理论基础也较为薄弱，仅限于对定义、原则的归纳，缺乏完整的休闲园区景观规划设计理论体系，综合性、系统性的理论基础较为薄弱。

2. 发展模式单一，设计产品同质性强

研究表明，景观质量对休闲农业园区的影响至关重要，仅次于游客参与的体验活动，要利用艺术的手法改善园区的景观质量。休闲农业园区立足农业，扎根乡村，丰富的农业景观如高山、林地、牧场、渔场等势必造成农业形态多元化，造成休闲农业园区设计风格的多变。但由于当前农业休闲园区都存在对园区地块研究不深、景观有效规划不足、特色资源挖掘不深入等问题，导致目前休闲农业园区同质化、发展模式单一化现象严重，大多数休闲农业园区设计风格类似，整体视觉效果不佳，景观美感度不强，部分园区甚至出现视觉层次单调、空洞、无焦点等视觉效果不佳的情况。

我国休闲农业旅游目的地主要分为两类：一类是大型休闲旅游景区，主要集中在广西阳朔、北海，安徽宏村、西递，浙江湖州、东极岛，江西三清山、婺源等南方村落。这些区域共通的特点是原先较为原始和淳朴，具有原汁原味的自然风貌，经后续规划开发，完善交通设施，现已发展成为国内较出名的休闲旅游景区；另一类是临近城市，依托当地旅游资源，为城市居民亲近大自然、提供田园野趣生活体验的"农家乐"项目，

但仍存在休闲游赏项目虽然种类繁多，却多为钓鱼、采摘、餐饮等，开发雷同，缺乏创意，无法给游客带来个性化的休闲旅游体验，也没有深层次、创造性的功能体验，部分园区商业化严重，游客满意度有待提高等问题。

3. 景观规划设计水平不够高

当前休闲农业园区普遍存在景观规划设计水平良莠不齐、景观美感度不强，主题特色不鲜明，休闲项目设置不够合理、与当地资源结合不紧密、文化内涵缺乏等诸多问题，导致休闲园区利润不高、附加值低、市场潜力有限等问题。例如，由于缺乏科学和详细的规划，加上以盈利为导向，部分园区的前期建设较为粗糙，缺乏配套的游赏设施，主题特色不明显，品位档次较低，导致游客消费意愿不强，客源锐减；有的园区受地块、园区规模限制，园区内种植面积小，种植的农作物品种单一，采摘时间短，无法适应四季采摘的需求，且园区接待容量偏小，其他观光休憩、农耕文化体验等项目无法正常开展；有的园区功能机械简单，只是涉及餐饮、住宿、观光导览、商业购物等常规项目，富有创造性、参与性、体验性的游赏项目很少，尤其是高端休闲体验项目少，无法满足游客多方面的需求，缺乏长期可持续发展的能力等问题。综上所述，由于缺乏专业的、科学的景观规划设计，当前的休闲园区设计水平难以适应市场上日趋多样的异质性消费需求，致使目前休闲观光农业园区品位档次偏低，对休闲旅游发展带动性偏弱，对周边地区经济发展缺乏辐射带动能力（马新，2017；赵晓春，2018；仇峰，2014）。

第三章

休闲农业园
分类与特征

纵观世界各国、各地区的休闲农业和园区的发展，几乎都经历着一个从简单到复杂、从粗放到精致、从随机到目的方向明确的规划控制发展的趋势。在不断发展的园区建设实践过程中，园区的自然地形地貌、主营产业形势、设施建设水平、主导服务项目、地方习俗和文化等的差异导致了休闲农业园区分化成型，各具鲜明特色又有一定共通性。通过对类型的划分和特征研究从而加深对休闲农业和园区的认识，进一步把握其本质和核心，可为园区建设提供科学参考，为产业宏观决策提供依据。

中国休闲农业虽然开始的较迟，但发展迅速，有诸多学者对休闲农业各方面均开展了研究（常运书，2016；杨乐 等，2012；邓键剑等，2010；张培，2015；冯建国，2012；杜姗姗，2012；王晓君，2017）。在园区类型划分研究上，前期分类多以产业形态特征、游客的活动方式和休闲项目等综合加以分类，较为笼统。例如，张文英（1997）以旅游者的活动方式将观光农业园分为旅游农场、自助式农场、休闲式农场等形式；范子文（1998）则划分了观光农园、市民农园、教育农园等9种主要形式；韩丽（2000）根据德国、法国、美国、日本、荷兰等国家和中国台湾省的实践认为观光农业中规模较大的有观光公园、农业公园、教育农园、森林公园、民俗观光村5种类型；郭春华 等（2002）从观光农业开发、实践角度划分了生态农业村、旅游农庄、观光农园、科技农园4种类型；袁定明（2006）认为规模较大的观光农业类型有农业公园、观光休闲农园、教育与科技农园、森林公园、民俗观光村5种。部分学者则从相对单一角度对园区类型进行了划分尝试，如吴雁华 等（2002）根据开发模式将园区分为公园经营型、景点游览型、商业服务型和教育实践型4种；殷平 等（2002）等则简单划分了高科技观光园和"农家乐"形式的观光园2类；辛国荣（2006）按传统农业结构划分了观光种植业、观光林业、观光畜牧业、观光渔业、观光副业、观光生态农业6类园区；傅琴琴（2009）以实践为基础划分了休闲型、体验型、教育型、贸易型、节庆型5种类型园区。

随着近半个世纪我国休闲农业产业的不断发展，园区数量和游客人数剧增，分布范围急速扩大，各园区所处的地域不同，经济条件、民俗习惯、区域环境等差异极大，模式、内容、形式等形态丰富多样。多因素综合的分类判定会导致体系过于庞大且分类不精细，因此国内外对于园区分类模式也因实践发展趋于多样化，以期从各侧面更准确反映园区特征和共性总结。总体而言，大致有按资源属性、开发内容、发展阶段模式、分布地域模式及服务类型等几种分类方法。当然，在园区的实际建设和经营中，一个园区在不同分类模式标准中会被划分为不同的类型，一种分类很难全面概括总结一个园区的全貌，但作为规划设计人员和投资建设者，了解园区分类对于快速理解休闲农业产业特征，合理判断有效利用特定园区资源条件是十分有参考价值和启发性的。

第一节　按照阶段模式分类

阶段模式是根据休闲农业产业发展的不同时期的经营主体、规模、休闲开发模式、分工与合作等从小到大、简单到复杂的阶段共性对我国休闲农业园区类型进行了划分。阶段模式的发展脉络是从自发式到自主式，继而开发式，并逐渐步入集群式（图3-1）。

图3-1　休闲农业阶段模式

在20世纪80年代以前，休闲农业在国内开始萌芽，开启了自发式休闲农业模式。自发式休闲农业主要表现为农民利用当地特有的旅游资源和原有的生态资源进行休闲农业活动。一般是农户利用区位优势，如自家庭院、池塘、果园、花圃、农场等农业资源，开展农家乐、自家果园采摘等休闲形式的活动。这是农户个体自发行为，没有政府的干预和开发或企业的投资。经营和开发通常各自为政，简单性地以直接利用乡村自然资源为主，规模小，缺乏对乡土文化、乡村民俗等文化内涵的开发利用，配套设施不完善，卫生环境、接待水平偏低，参差不齐，管理比较混乱。

20世纪90年代后，随着大众旅游的兴起和游客需求的多样化，人们更加注重亲身体验和自我感受，促进了园区的自我调整、自我发展。90年代后，休闲园区进入自主式发展阶段。休闲园区分类更细，定位更准确，农业文化内涵表达的增强，尤其是农业旅游产品内容丰富，项目的参与性、娱乐性、体验性和知识性广泛得到重视。例如，北京、上海、广州等大都市区周边开展的采摘游、民俗风情游等活动。

进入21世纪，休闲农业成为一种时尚，以大企业、集团的雄厚资金为后盾，在明确的主题定位、策划下进行农业休闲园区规划、建设和开发成为本时期开发式农业休闲园区的典型特征。开发式农业休闲的优势是资金充足、配套完善、企业化的高效管理和完备的运营机制，"政府引导、企业经营、农户参与"，如成立于1998年的北京蟹岛绿色生态度假村。

随着农业大产业的产业结构、产品结构和产业布局发展，经过休闲农业园建设运营几十年实践发展经验总结和市场导向引导，催生了按照区域化布局、产业化经营、专业化生产的要求，从相互独立单一园区的内部产业布局升级到在地域和空间上形成的农业产业链互补、集群式发展的新模式，是现阶段休闲农业园区建设、经营新阶段趋势。通过集群式发展实现规模经济，降低成本，提高农业生产效率。例如，延庆区小丰营村的延庆蔬菜产业群具备都市农业产业集群的雏形，蔬菜协会联络蔬菜市场和各个蔬菜园，为蔬菜园提供技术培训、信息收集与分析、信用社贷款以及运输、肥料种子供应、包装等。另外，蔬菜产业群的发展也促成了休闲农业旅游和民俗旅游的发展。

从发展阶段模式来看，休闲农业园经历了自发式、自主式、开发式 3 个阶段。随着现代社会经济中精细分工和产业合作的不断发展，互联网和物联网等现代信息科学又提供了物质支持，农业休闲企业和上下游相关涉农企业，区域范围的城乡产业体系相互交错影响，农业产业链、信息链的拓展，一、二、三产业交织、融合，休闲农业产业必将和区域其他产业形成关系错综复杂的地方产业群网络体系，休闲农业园进入了集群式阶段。

第二节　按照地域模式分类

按地域对农业休闲园区进行分类能比较和展示在同一发展阶段，不同地域园区由于区位差异性，明显表现出园区市场策略差异性的特点，主要分为依托自然型和依托城市型。有学者对北京市休闲农业园近 10 年的发展进行分析，并按照地域模式进行分类研究得出结论，按照地域模式分类可以分为依托城市型、依托景区型、依托传统农业型 3 种类型。通过对这些园区的区位、客源及相应特点进行归纳，对于后续同类园区开发有一定的借鉴意义。

（1）依托城市型：主要依托经济发达的某一大中城市，具有地理位置优势、技术优势和市场优势，且具有巨大的示范先导作用，受到政府大力扶持。这类园区通常规模较小，规模小于 66.7 公顷，主要通过人工构造农业景观，园区内建设用地所占比例较高。这类园区距大中城市近，主要客源为某一个大中城市市民，兼顾外地商务会议客源。

（2）依托景区型：主要依托某一知名景区，利用景区的自然环境和市场知名度进行开发，如农家乐、民俗村、采摘园等。这类园区距大景区 10 千米范围内，交通便利，可以依托景区客源。

（3）依托传统农业型：可分为依托区域传统民俗和依托区域特产 2 个类型。依托区域传统民俗主要是利用游客对区域传统民俗的向往，如民俗村等。依托区域特产的园区通常位于传统农业区，有悠久的种植历史，农业基础较好，如各类采摘园。

第三节 按照经营主体分类

按经营主体不同进行园区分类的模式主要考虑到主体的资金能力、技术特长、经营管理水平、营销运作和不同市场范围、行业领域等的差异性。这种差异直接导致了园区规模、设施和技术、休闲游赏项目策划设置、园区管理和服务等各方面的直接差异，并带有一定的普遍型。有的专家认为可以将园区经营主体分为分散农户、企业集团、政府3种经营主体。有的人提出应进一步细分经营主体，主要有个体农户，村集体，私营企业，科研院所、大学或事业单位，政府5种经营主体。

1. 个体农户

个体农户作为主体开发农业休闲园区规模一般较小，大部分土地经营权的不确定因素较多，占地面积不等。这类园区多半是靠近中心客源城市的郊区农户，利用自身现有农业产业资源进行简单初级开发，如农家乐、采摘、垂钓等是最常见项目，融资能力差、设施简单、接待能力差，有的还有很强的季节性。但胜在投资少、经营成本较低，生产和休闲活动结合快捷方便，对休闲旅游收入的依赖程度不是那么高。例如，靠近福州市区的闽侯县大量草莓等水果简单采摘园就是典型例证，面积几十亩（1 亩 ≈ 667 平方米，全书同）或上百亩，以水果收获季开展采摘活动为主要休闲项目，结合各自实际和发展状况，略微开发一些其他项目。

2. 村集体

村集体作为主体开发休闲农业在南方以园区形式出现的并不多，在休闲村、特色小镇等农业休闲形式开发上则更为多见。总体的特点均是由集体牵头，以园区等开发项目为依托，通过成立合作社或村集体企业等各种形式给村民参股、分红等带动村民共同富裕和地方经济发展。村集体自己运营或者通过参股、承包等各种形式由其他个人或专业公司来运营项目总体或其中的部分分项。这种形式增加了村民的公众参与度，更好地激发了村民积极性，在资金、用地等方面都更有潜力，但如何统筹处理个体和集体目标、步调一致性及个体村民间的竞争关系是普遍存在的一个问题。

3. 私营企业

私营企业（私营企业主）作为建设经营主体占据了目前农业休闲园区中极大的比

例，这类园区由于各种原因，差异较大，大致可分为几种情形，各有不同的特色。例如，原本的农业或者是涉农企业，在自身产业发展的基础上整合资源开发的园区，一般具有一定的规模和资金投入，产业链向上下游延伸，园区经过前期策划和规划，分期滚动建设；园区配套设施齐全，接待能力强，通常有相当的经济效益，如长泰格林美提子观光园、周宁苏家山旅游景区等。大型的如北京蟹岛产业集团，是北京一家集生态农业与旅游观光为一体的大型品牌企业，旗下有北京蟹岛种植养殖有限公司、北京蟹岛绿色生态度假村有限公司、北京蟹岛开饭楼餐饮有限公司、内蒙古赤峰蟹岛龙凤农产品有限公司等子公司。有一些是由其他行业的企业投资建设的园区，通常其在主营业务具有一定的盈利能力，因而对园区资金投入持续性较强，规模不等，一般较大，配套设施等也较为齐全。投资建设目的也比较多样，一部分是比较明确作为休闲旅游项目来经营，其他如作为企业内部接待场所、副食品基地、土地战略储备等也很常见。经营主体对农业和旅游休闲认知程度不一，因而导致建设效果和经济效益参差不齐，不乏有靠企业主营收入长期补贴或经营不善关门出售等的园区。

4.科研院所、大学或事业单位

科研院所、大学或事业单位通常开展的是农业或者农业相关行业的研究，园区建设的目的主要是为了新品种、技术、设施、管理等的展示、应用和推广示范，所以经济效益并不是最主要或者首位的经营目标。这类园区一般有一定的资金保障，设施和产业生产水平较高，具有一定的领先性。休闲项目策划和发育水准不一，普遍偏弱。通常是以一些示范园、博览园、高科技农业园等形式存在。例如，北京四季青果林所樱桃观光园隶属于北京市农科院果林所，是集大樱桃研究开发、精品高效生产、良种苗木繁育、栽培新技术推广、产品苗木营销及旅游、观光、采摘服务为一体的多元化集体企业。观光园主要以大樱桃生产为主，兼种杏、油桃、海棠、枣等其他果品。

5.政府

政府投资主办的园区多数用"政府搭台、企业唱戏"——"管委会+企业"的运行模式，园区设立管委会作为主管机构，利用园区自身的优势资源和优越区位，借助园区管理机构的土地、税收、租金等优惠政策，通过招商引资进行开发经营。政府作为开发建设的主体，负责园区规划范围内的基础设施建设、市政工程建设，园区内部招商引资，为农业园区的生产经营者提供信息、后勤等服务。园区设立管委会作为主管机构，不直接参与企业的经营活动，其主要职能是创造良好的投资环境，为入区企业提供全方位的优质服务，对园区进行统一规划、统一开发，完善基础设施建设，负责整个园区的未来发展，协调企业与周边村镇、各有关部门的关系，吸引更多科技含量高、经济效益好的企业入区。这种模式实质上更倾向于休闲园区集群式发展阶段采用的模式，整合了一定地域范围内的资源、政策优势进行发展。在目前阶段，这种模式更多见于农民创业园、农业产业园等以产业开发为主的农业园区，在这些园区里兼具一些农业休闲项目、形式或功能。单纯的整合式农业休闲园区开发还比较少见，这种模式下，政府更像是一个平台供应商，而每个园区的建设者则像一个个入驻商家。例如，北京市科学技术委员会、北京市农村工作委员会、北京市顺义区人民政府决定"委区共建"北京市顺义三高科技农业试验示范区，经过近10年建设发展为集现代农业展示、农业科技成果转化、高新技术企业孵化、青少年科普教育和农业旅游观光等多种功能于一身，形成了以畜牧籽种、精品花卉、树木种苗、旅游观光、物流配送和信息服务为主的产业群，入区企业已达26家。

第四节　按照产业结构分类

在许多理论研究中，学者们将休闲农业园区按农业产业结构分成了观光种植园、观光林业园、观光畜牧园、观光渔业园、观光副业园等类型。关于观光生态农业园区和观光副业园，许多调查数据表明，"绿色""生态"已被普遍接受，安全、无污染、生态、高品质农产品（食品）已经成为消费者共同追求的时尚。"生态农业""循环农业""无公害、绿色、有机"安全生态的农产品生产几乎是每个园区均提出的口号，因此，生态农业的理念和做法其实是涵盖了各种产业结构的农业园区。所以虽然也有人提出，但大多数时候不将观光生态农业园作为一个单独产业结构类型的分类。而副业生产休闲，虽然在每种产业结构类型园区的体验项目中均会有不同程度涉及，但因其有着特定的不同于其他产业结构的生产形式（技术、产品等），而且也有少数特殊案例表明园区可以单纯的副业生产作为园区主产业形态，因而仍然认为其实是一种单独的产业结构类型。

1. 观光种植园

种植业通常是指农作物栽培业，我国通常指粮、棉、油、糖、麻、丝、烟、茶、果、药、杂等作物的种植生产。观光种植园则以种植这些作物为主产业，开展现代化农业设施、农作物品种、新技术展示推广等，并结合采摘、土地认养和其他休闲项目的园区。例如，福建长泰格林美提子观光园是以葡萄和提子种植为主，兼顾其他水果种植，以采摘为主要休闲项目少量开展垂钓、露营等活动的典型观光种植园。而漳浦镜花缘生态农庄则是以鸡蛋花、山茶花等园林花木种植销售结合开展观光摄影、垂钓、滑草等休闲活动的园区。

2. 观光林业园

利用天然林业资源或森林经营生产合理开发森林的旅游功能和观光价值，为游客观光、野营、探险、避暑、科考、森林浴、民宿等提供空间场所，集农林业和旅游业为一体的农业观光园区。与种植园相比，此类园区更倚重环境资源的利用开发，也会结合自然地形开展少量种植或养殖生产，如永泰县的云顶旅游度假区和漳州的鹭凯生态农庄。

3. 观光畜牧园

观光畜牧园是指将农牧业生产、农牧产品加工、生产技术应用展示等和游客农事体验活动和休闲体验活动等融为一体的园区，如牧场、养殖场、狩猎场、森林动物园等，开展草原放牧、马场比赛、猎场狩猎、挤奶和制作奶产品等参与养殖业生产及加工的体验项目。通常会将畜牧污染物无害化处理工艺结合种植业生产，进行景观环境营造和农事体验开展，如漳浦某一园区将生猪养殖场和垂钓、采摘、农家美食结合在一起开展休闲观光活动。

4. 观光渔业园

观光渔业园是指利用滩涂、湖面、水库、池塘等水体，开展水产养殖生产、科研、教育等活动，并利用渔业进行垂钓、捕鱼、餐饮、休闲观光等活动的农业园区，如连江县的赶海1号园区。

5. 观光副业园

观光副业园是指以具有地方特色的工艺品及其加工制作为经营特色，开展可观光、参与的观光副业园区，如观赏或参与研习农民画、刺绣、土布纺织、草竹编织、木雕、竹根雕、石雕、制陶手工艺制作技艺，购买旅游纪念品。观光副业园一般不单独作为一个休闲农业园出现，而是作为综合性休闲农业园的一个组成部分。例如，漳州玫瑰庄园利用花卉生产开发压花、插花等体验活动，而以副业为主的园区如屏南县龙潭村以绘画、音乐等文化艺术创意活动为切入点开展农业休闲。

第五节 按照功能类型分类

随着休闲农业园的发展，园区功能不断趋于多样化，因而根据功能进行分类是园区常用且重要的一种方法。明晰功能分类有助于对新建园区根据自身资源条件选择合理的功能方向、安排园区布局、明确主要效益点等。对于园区功能分类也有多种看法，如有将园区分为7类——观赏型休闲农业、品尝型休闲农业、购物型休闲农业、务农型休闲农业、娱乐型休闲农业、疗养型休闲农业、度假型休闲农业。也有分为休闲型、体验型、教育型、贸易型、节庆型5种功能类型。还有分为观赏型、品尝型、购物型、娱乐型、参与型、科普型、度假型、疗养型8种类型。总之，各种功能分类不一而足，但彼此均有一定的共通性。

随着园区具体实践发展和理论研究深入，综合前人的分类研究成果，可将休闲农业园的功能类型归纳为9类（表3-1）。

表3-1 休闲农业园按功能类型分类

序号	功能类型	特点	实例
1	观赏型休闲农业	以农业产业景观、自然景观、乡村景观、人文历史景观等观赏游玩的视觉冲击力和愉悦体验为功能的类型	南平薰衣草梦花园、江西婺源油菜花海等
2	品尝型休闲农业	基于农产品生产的一项功能，利用产地、采摘食用时间带来的口感和新鲜感的优势吸引游客。有"采摘—品尝""品尝—购物""品尝—加工体验"等多种模式	周宁县高盛蓝莓园、龙台山生态园等
3	购物型休闲农业	借助食品安全的理念和地域、民俗文化特色的吸引力，以绿色无公害、有机生产、地方特色、季节时令等为宣传点。通过发展生态农业为市民提供安全健康的肉、粮、有机蔬菜、有机杂粮、特色时令水果、奶产品、蜂产品、柴鸡蛋等当地民间工艺品、特色民俗纪念品、园区旅游纪念品等购物体验结合其他活动满足游客休闲需要	长泰格林美提子观光园、乾辰龙晶葡萄园等
4	体验型休闲农业	以参与农业生产、农事活动的过程中带来的体验感和愉悦感为主要形式。充分发掘、利用城乡、工农业生产和日常生活中的差异性开展的休闲活动	鹭凯生态农庄、福安恩辉生态农业园等
5	娱乐型休闲农业	通过休闲娱乐区域开发和项目策划运营，乡村特色生活空间营造，引导游客进行乡村文化乐趣探寻，乡村风情感受，参与乡风民俗与其他类型娱乐活动，从而放松身心，回归乡野	苏家山旅游景区

（续表）

序号	功能类型	特点	实例
6	疗养型休闲农业	以乡村、自然的环境和景观为基础，通过慢生活的节奏舒缓，原汁原味绿色农产品的体验，淳朴乡情的浸润，满足城市游客疗养尤其是老年人回归田园，休养生息康养需求	龙泉山庄
7	科普型休闲农业	基于农业科技内涵，以数字农业、智慧农业为核心，现代农业设施、技术、品种等为表现形式，集科技示范、技术和品种推广、旅游观光、科普教育及休闲娱乐功能于一体的一种综合开发模式	晋江恒丰休闲农庄、牛角山玫瑰休闲农庄等
8	会展型休闲农业	以利用举办大型农业展会的园区建设为基础开发的休闲农业园，后期运营中除满足日常农业休闲、技术产品推广等功能外，持续承办各类会议和展览是其重要的效益增长点和特色	福安百卉园
9	节庆型休闲农业	以具有地方特色的风俗民情、作物特产、名胜古迹、景观和气候等资源条件为依托；围绕农事活动、产品宣传、民俗娱乐等不同主题结合文化创意开展各具特色的庆典活动；吸引游客参与、体验、认知、消费等	—

第六节　按照产业数量分类

根据休闲农业园的产业数量，可将休闲农业园分为专业型休闲农业园及综合型休闲农业园。专业型休闲农业园指以单一主导产业为主的农业园，是农业专业化生产的衍生产品，如福建长泰格林美提子观光园，有闽南地区的"吐鲁番"之称；周宁县浦源镇高盛蓝莓园。综合型休闲农业园是将多种不同的功能类型按照功能分区组织在一个园内，多种主导产业集群发展，满足游客多样化的需求，目前大多数农业园属于这种类型。例如，福建龙海鹭凯生态农庄，是涵盖蔬菜、水果、中草药的种植、加工、销售，集休闲旅游、研学教育、绿色农业、会务团建为一体的综合体。

第七节　按照地域性质不同分类

休闲农业生态园按照园区地形地貌特征不同可以分为平原型、山地丘陵型和滨水型3类。

（1）平原型：北方休闲农业生态园中最常见的一种类型，在地势较平坦的地区新建或在原有农场、果园、茶园等基础上进行改造，其布局形式基本不受地形限制，景观视野开阔但缺乏立面层次性。

（2）山地丘陵型：南方园区多建设在山地，园区内地形高低起伏、沟谷相间，景观层次多变，可以形成开敞型（坡顶、山脊端点等处）、半开敞型、覆盖型（植物营造的光线通透区域）、完全封闭型（坡地）等空间类型，分别加以不同利用，形成丰富的视觉效果。

（3）滨水型：毗邻海、河、湖、水库等大面积水域而建且以水为主的园区，水陆交错使得景观变化和游赏项目更为丰富，但同时环保生态要求也相应提高，以水体种养、亲水游赏活动为主题。

第八节　按照综合休闲农业园的规模、功能和特点进行分类

按照综合休闲农业园的规模、功能和特点进行分类，这种分类方法主要参考了德国、法国、美国、日本、荷兰等国和我国台湾省的实践和研究成果。有学者认为规模较大、对市民具有较强吸引力的主要有休闲农业园、市民农园、教育农园、农业公园、休闲农场、森林旅游、农村留学、民宿农庄、民俗旅游9种类型；也有的认为规模较大的主要有观光公园、农业公园、教育农园、森林公园、民俗观光村5种类型。由于现代园区的相互学习和延伸，同一园区可能同时具有多种园区特质，这种方法的判定有时会显得非常困难。

第九节　按照资源属性分类

按照资源属性分类可分分以下两类。

1. 资源特色型和文化特色型

国内较多学者研究认为，根据休闲农业园的资源属性，将休闲农业园主要分为资源特色型休闲农业园和文化特色型休闲农业园。

资源特色型休闲农业园是依托农业生态景观资源、动物资源、植物资源发展特色的休闲农业园，如福建省龙泉山庄，依托天然温泉资源，园林式天然温泉池和大型温泉游

泳池是景区的一大特色。

文化特色型休闲农业园，依托各农业地区不同的农耕文化、农业生产方式和民俗风情、非物质文化遗产，实现自然生态和人文生态的有机结合，吸引城市居民和境外游客。例如传统农居、家具，传统作坊、器具，民间演艺、游戏，民间楹联、匾牌，民间歌赋、传说，名人胜地、古迹，农家土菜、饮品，农耕谚语、农具等，都是观光休闲农业可以开发利用的重要民间文化和农耕文化资源。再如，福建宁德上金贝畲家寨乡村旅游，畲族文化底蕴深厚，传统习俗保存完好，畲族服饰琳琅满目，畲家美食独具特色，是一个有着良好的自备景观和自然田园风光的古村，景区内开发有葡萄沟、观赏荷花池及向日葵、蜜柚等农业高科技示范园和农事体验区。

2. 生产观光型和资源利用型

基于规划实践出发，我们倾向于按属性资源利用程度和方式对园区进行分类的方法，即分为生产观光型和资源利用型。按照这种方法，前面列举分属资源特色型的龙泉山庄和文化特色型的宁德上金贝畲家寨都属于资源利用型。这种分类方式，更简明区分了自然、文化资源和农业产业资源在园区建设过程中的利用方向、方式，易于快速把握规划方向，扬长避短。

从理论上可以将园区内外自然条件、社会发展条件、区位与经济状况、产业发展水平等综合状况理解为广义的资源条件加以比较分析。而将园区界限范围内自然地形地貌、农业生产状况、乡土人文、自然或人工景观及建筑设施等理解为狭义的园区资源，对其分析评判并寻找园区发展方向，在实践中具有很强的可操作性。依照农业休闲观光园区对狭义资源本底利用不同，可以将园区分为两型，生产观光型和资源利用型。

生产观光型园区是以高水平管理生产和农业（农田）景观为景观本底、主要资源的园区。典型景观为果园、茶园、花圃、稻田等，成功范例如江西婺源、哈尼梯田。资源利用型立足于特殊的农业、人文或自然资源与农业产业相结合发展观光，如特色农村民居、现代农业设施、特殊自然资源等。成功范例如浙江诸葛八卦村、各地的生态餐厅等。

两型园区的规划开发方向不同导致在后续规划中的游赏项目、设施规划、功能分区及基础设施建设规划等方面趋于不同的方向。生产观光型园区优势在于规模化的成熟农业景观，劣势在于农业产业效益提升难度大，园区配套游赏项目易趋于同质化。因此，其开发利用方向应更多专注于对农业资源转化为旅游资源的深层次利用，提升产品附加值；在分区和设施规划上要注重生产和观光结合并重，留够生产发展空间，控制设施投资规模、方向，关注投资效益。资源利用型园区优势在于资源的独特性和吸引力，劣势则经常体现在发展受限于资源容量和开发资源的高额投资压力。因此，其开发利用的方向侧重对资源利用的精致细分，景观、人文因素的引入以提升园区总体层次与服务水平；而分区和设施规划则重视资源开发利用的层级，软硬环境条件的营建，服务和设施水平的提高。

第十节　案例分析

1. 案例项目概况

龙台山农业观光园以水果采摘活动等为主要休闲项目，龙泉山庄以温泉休疗为主要休闲项目兼营采摘活动等。这2个园区均位于福州市闽侯县，交通便捷，离中心城区距离较近；前期各自开发多年，有相当的服务设施基础、客户群体及区域知名度。基于资源分析的结果，将其分别归类于生产观光型园区和资源利用型园区。龙台山农业观光园依托的资源是近200公顷拥有100多个品种的连片柑橘专类园，生产管理良好，年采摘期长，除了满足休闲采摘外，还有大量果品进入市场销售，属于典型的生产观光型园区。龙泉山庄中心区拥有自有温泉井，山地果园为稍远离中心区的飞地果园，种植了多种果树，其休闲活动围绕温泉洗浴、休疗展开，采摘等农事体验则只是补充性的休闲项目，属于典型的资源利用型园区。

2. 优劣势分析及利用方向

龙台山休闲观光园：优势在于区域集中，果园采摘具吸引力，林地景观美好；劣势在于休闲项目单一，容易受限于农业产业本身的弱质性，投资风险大，效益难以提高。因此，确定发展偏重于对农业资源的利用和深度开发，主要方向是农产品采摘、体验、科教活动与农家饮食、自然风景观赏。

龙泉山庄：优势在于温泉资源独特，基础设施较完备；劣势在于温泉中心区面积小，温泉资源受限于容量及开发力度，利用处于瓶颈，飞地果园较远，游赏活动串接困难，总体投资压力大。因此，发展方向为以温泉洗浴、疗养为主；景物观赏、运动健身、农产品采摘、农家饮食为辅，远期建设高档温泉度假村。

3. 产业链策划

龙台山农业观光园资源优势在于规模化的成熟果园，因此产业发展围绕果园的休闲利用和深度开发，以其他休闲项目作为辅助。以采摘休闲作为第一环节；以果品、种苗销售为第二环节；结合 DIY 体验简单加工，以果品礼盒销售等为第三环节；以水果精加工为第四环节；以拓展科普、果品文化节等为第五环节。龙泉山庄则以开发温泉资源，提升温泉休疗档次，挖掘文化内涵为主，农事休闲娱乐活动为辅，以弥补中心区域面积偏小的劣势，但要考虑建设和投资的压力适当调节发展步骤。因此，以温泉洗浴活动为第一环节；结合飞地果园采摘、漂流活动等为第二环节；中心园区饮食住宿服务，结合果品蔬菜的消费、销售为第三环节；拓展体育、休闲、温泉药疗、休闲服务项目，增加三产收入为第四环节；打造品牌、提高档次、建设温泉酒店、建成特色中高档温泉度假区为第五环节。

4. 功能分区

龙台山农业观光园除了 3 个功能区（综合服务区、农家别墅区及观赏自然景色的山林趣味健身区）外，其他 5 个分区为果蔬采摘区、良种园区、产品精致加工区、品种公园区、尊贵认养园区，分别与产业链策划互相呼应，每一分区兼有生产和休闲功能。重视园区第一产业发展，逐步建设园区拓展休闲项目内容。基础设施规划宜选择较为实用和大众化的建设标准和适当的投资规模，以保证园区效益与发展。

龙泉山庄除综合管理服务功能区外，还有 7 个休闲功能区，其中普通温泉区、豪华温泉区、温泉养生区、尊贵温泉别墅区、温泉度假酒店区 5 个分区，围绕温泉资源利用的逐步升级设置相应功能。将运动健康区、农事闲趣区作为园区休闲活动的扩充，从而保证园区结构完整，目的明确。而相应的建筑、景观、道路强调精致、优美和富有文化韵味；水电、通信、金融等设施与服务建设则要求充足完善周到细致，最终实现园区现代化、高档化、舒适化的规划目标。

从以上 2 个园区的规划实践可见，依托分析资源条件差异进行的园区分型，对园区规划有一定前瞻性指导意义，有利于在实践中快速准确把握园区发展方向，制定切实可行的园区规划。

第四章

观光休闲农业园区
规划体系

在提供规划服务实践中，我们经常会被一些不了解规划设计体系的委托方提这样一个问题，"你们这个规划做完后，我们是不是就可以按照规划施工了"？很多小型甚至是中型休闲农业园区的建设者，是个体农户、合作社、村集体或者其他农民组织，他们不像企业和一些其他的投资者那样专业，不了解园区建设规划设计体系中不同阶段规划任务所承担的工作、规划深度目标和利用。帮助更多园区建设者了解不同规划对园区建设有什么帮助，这也正是我们简单介绍休闲农业园区建设的规划设计体系的目的所在。

第一节　园区建设规划设计体系

参照城市建设和其他大型项目建设的规划设计体系，我们认为休闲农业园区完整的建设规划和其他各类建设项目一样，按照工作时间轴顺序可分为概念规划、总体规划、详细规划（控制性、修建性）、方案设计、施工图设计几个阶段。但是休闲农业园建设有着自身特点，如通常从如何利用现有的农业和自然资源出发，在土地开发、建设规模和体量等有着一定限制对产业发展、农事生产等计划有着特别的需求等（邓青霞，2018；唐睿，2018；杜镇宁，2021）。因此在实践中，一般的园区建设规划，尤其是中小型园区建设过程，多半不可能也不需要执行完整的规划体系。这样可以节约资金，提高建设效率，比较符合实际情况，更易于推行。

绝大部分意识到规划工作对园区建设重要性的投资者都会邀请规划设计单位对园区进行总体规划。总结多年实践经验来看，将概念规划和总体规划糅合在一起进行在筹备阶段更加明确园区的创意、效益点、目标，或者将总体规划向后延伸完成一部分详细规划的内容以更好明确建设布局和方向，都是经常出现的情况。完成总体规划后，大部分园区会跳过其他规划阶段，在分期建设过程中根据进度和需要，对某一局部或节点直接进行施工图设计，便于直接按图施工，完成某一具体建设任务。

1. 概念规划

概念性规划其实不属于严肃的规划体系中的一部分，却可能在任何一个层次进行概念规划。早期起源于欧洲艺术设计中的创意和概念思维，而后被引入城市建设规划中，长期以来的定义并不统一和明确，但正逐渐趋向于一致。概念性规划是超空间、超时间、超地域，不受约束的一种规划，实质就是一种思维的形式，立足于宏观层面的规划理论的表达形式，即它侧重于勾勒一张理想状态下的蓝图而尽量少受现实条件的制约，是一种对未来远景、愿景的描述和总体认识，带着指导性和研讨性，强调前瞻性和创造性。概念性规划的内容主要是针对项目中具有方向性、战略性问题的思考和探索，从全局角度提出综合的目标体系、发展战略、效益体现、建设顺序等。虽然具有模糊性和不确定性，但能从宏观、微观不同层面把握既定的方向和全面平衡。在农业休闲园区建设概念规划中，其成果要求包括区位分析图、市场分析图、现状分析图、功能分区图、项目布局示意图、标志性景观及风格控制示意图、概念性规划总平面图、道路交通系统规划图、土地利用规划图、重点项目示意图及相关文字和图表说明等。无须配备文字说明书。

2. 总体规划

农业休闲园区的总体规划暂时没有详尽的强制性规定，各规划设计单位在编制时多参考城乡建设、项目建设和风景名胜区等总体规划编制的国家相关法律法规规定，农业农村部关于休闲农庄建设指导意见等部门和地方政策、法规。

农业休闲园区的总体规划是为了保护培育、合理利用和经营管理好农业休闲园区，保障发挥其作用，促进其科学可持续发展。建设单位进入设计阶段之前所进行的对园区建设一个轮廓性的全面规划，从近期建设到远景发展的全面设想。主要内容包括了现状资源、优劣势及对策分析；总平面布置和分区发展（含产业发展）规划；基础设施建设规划；建筑与景观意象营造；游赏项目与设施；建设分期与概算等，为下一步的设计工作提供依据。规划编制应充分考虑到园区内部生产流程及园区与外部的协作关系。严格遵守执行国家的土地政策，配置好土地资源。规划应当符合当地社会经济可持续发展的要求和当地自然、经济、社会条件，对土地的开发、利用、治理、保护在空间上、时间上所做的总体安排和布局。执行国家关于规划工作的各项法律法规。

总体规划成果一般包括规划文本和图册两个部分。

规划文本的内容包括：现状资源、优劣势及对策分析；总平面布置和分区发展（含产业发展）规划；基础设施建设规划；建筑与景观意象营造；游赏项目与设施；建设分期与概算等。

现状资源、优劣势及对策分析：明确规划范围和期限。说明园区所处区位交通、自然条件、土地利用状况、基础设施等资源情况。园区产业状况和生产水平。园区所在区域社会经济条件和城乡发展规划方向和布置。对园区资源进行分析评判并提出相应对策。

园区发展目标、性质：按照园区的发展构想和社会需求，提出园区的自我发展方向目标和社会作用目标。依据上位规划、相关政策、本地、本行业发展趋势及项目资源情况，分析确定本园区发展的主导产业和关键产业等，明确在一定地域范围内各产业提供社会作用和产业地位。在发展目标制定时应贯彻科学分析、统一管理、严格保护、持续利用的原则。充分考虑历史因素、当前现状、未来发展做出科学预测；应因地制宜、注重资源保护和合理利用的前提下考虑配置、规模等指标的合理，目标应与国家、地区的经济社会发展目标、水平相适应。

平面布局设置：对园区确定发展的主导产业和其他产业在园区范围内的分布地点、范围进行规划安排；指出其景观意象和风格；根据生产、游赏、景观营造等需要进行归并整合为不同的功能分区；界定土地使用状态，重点建设区域等。

公建和游赏设施规划：对水电路网的布局、出入端口（接入、接出端口）、用量预测等；建筑和构筑物位置、功能、体量、外观、组团形式等；金融、卫生、电信、安保设施等规划安排。园区导览系统、服务点、服务设施、游线组织等内容进行规划安排。

建设分期与估算：对全园建设进行分期安排，明确各阶段建设任务和进度，尤其是近期建设内容和进度要求。对建设投资进行估算。

规划图册内容包括：园区总平面图、园区现状图、园区区位图、分区图、景点规划图、公建设施规划图、园区游赏设施规划图、园区游线图、分期建设图等图纸内容。

3. 详细规划

以总体规划或者分区规划为依据，详细规定建设用地各项控制指标和其他管理要求，或者直接对建设做出具体的安排和规划设计。在 2008 年 1 月 1 日施行的《中华人民共和国城乡规划法》第二条中，将详细规划分为控制性详细规划和修建性详细规划。

详细规划成果内容如下。

（1）规划说明：包括项目条件分析、规划理念、功能定位、总平面布局、道路交通、农田水利等基础设施规划、组织运作模式、投资估算与效益分析等。

说明项目区位交通、自然条件、土地利用状况、基础设施等资源情况及所在区域社会经济条件，明确规划范围和期限。

依据上位规划、相关政策、行业发展趋势及项目资源情况，分析出项目建设的优势劣势等。

通过项目资源和外部条件等多因素分析，确定该项目规划理念，在规划期内实现的功能定位、建设内容、发展方向及目标、空间部署等。

将规划理念和建设内容进行科学合理的布局，同时符合相关法律法规、行业规范及规划指标。

涉及种植类，明确种植种类、规模及布局，农业设施类型、规模及指标，提供品种（推荐）、种植数量、茬口安排、适用技术，测算投入产出及效益。

涉及养殖类，明确养殖种类、规模及布局，养殖设施类型、规模及指标，推荐养殖品种、养殖数量、适用技术，测算投入产出及效益。

涉及加工类，明确农产品加工的方向、产品方案及规模、关键技术，加工厂布局、建筑规模，测算投入产出及效益。

涉及科研类，确定农业科研主要的方向和内容，附属用地规模、临时用房规模及意向，不含建筑方案设计，符合相关法律法规及规划指标。

涉及休闲类，确定休闲功能、建设内容，设计休闲产品和接待能力，配套附属用地规模、临时用房规模及意向，游憩设施布局，测算投入产出及效益，不含建筑方案设计，符合相关法律法规及规划指标。

确定出入口和主次干道的路宽、总体布局，停车场及广场位置、规模，以及项目区内的主要交通方式及枢纽。

确定景观绿化的目标、功能，主要景观节点说明及意向，绿化树种配置，不含节点方案设计。进行水资源供需平衡分析，安排节水灌溉方式等农田水利工程，确定水源、管材、管径及管网布置。

测算给排水量，确定给排水方式、管径及给排水管网布置；测算电力负荷和容量，布局电力线路和设施。

对项目实施运作，提出运营模式及农业管理体系建议。

确定项目建设时序，对项目总投资、年收入、总成本、营业税金、年利润总额、静态（动态）投资回收期、投资利润率、投资现金流量、流动资金进行估算，并分析社会效益和项目风险。

（2）规划图纸：包括区位分析图、综合风貌现状图、鸟瞰图、规划总平面图、功能分区图、功能分区意向图、道路交通规划图、绿化景观规划图、景观节点意向图、农田水利灌溉图、给水工程规划图、排水工程规划图、电力工程规划图、电信工程规划图、分区建设时序图。

具体项目详细规划的最终成果将根据项目具体情况进行调整。

第二节　休闲农业总体规划与项目开发流程

1. 休闲农业项目立项与调查阶段

（1）论证与立项：在项目开发前，邀请相关专家学者进行可行性论证，综合分析农业旅游资源条件、交通区位条件、居民的收入消费水平和市场需求；判断开发价值和方向，为组建、选择规划团队做好预案。

（2）规划团队组建：组建由生态、农业、园林、建筑、环保等方面专业人员组成的规划团队，明确各自任务和职责；吸收当地公众参与后期意见反馈与评议。

（3）提出规划设计任务书和大纲：主要内容包括设计区的基本情况、所需技术资料和图件资料、专家系统工作的主要内容，以及时间安排和经费预算等。

（4）资料收集与分析研究：从各相关部门收集所需的相关资料，进行资料分析研究，发掘有价值的内容，寻找可能存在的问题。

（5）实地调查研究：规划团队必须到实地对有较大开发价值的景区、景点的资源、环境及社会、文化、经济等状况进行考察，并记录、拍照和摄像。

2. 休闲农业项目评价与规划阶段

（1）资源评价与分析：对规划园区进行资源（自然景观资源和人文景观资源）评价；分析当地社会心理、经济发展水平、政策支持导向等，并做出优劣势判断；进一步明确资源吸引力方向及开发利用形式。

（2）确定园区的性质、发展方向目标和形象定位：根据规划园区的自然景观、产业基础，所处区域社会经济发展、风俗民情等对园区进行性质定位，确立主要发展方向；构建整个休闲农业园区的形象定位，围绕该主题形象进行总体规划。

（3）制订总体规划方案：主要包括空间总体布局、功能分区、环境容量、生物多样性及环境保护等设计。在进行规划设计时，既要考虑总体空间布局的和谐统一与突出主题，更要考虑功能分区，避免旅游活动对资源和环境的破坏，同时为了分流游客，使资源能优化利用。还要对各功能区进行敏感性分析，测算其容量，以保护生物多样性和环境。

各功能区的规划设计既要整个区域的旅游形象相协调，并有助于主题形象的凸显，同时还要突出各功能区自身优势与特色，发挥各功能区自己的功能与作用。

对专题活动项目及特色的规划设计。休闲农业园区必须有与自己的特色相适应的专题旅游活动项目，如××花节（会），观××节等，以造成一定的声势和影响，提高知名度和影响力，促进休闲农业的进一步发展。

（4）对分阶段实施项目及目标的规划：出于对休闲农业资源和环境保护的需要、开发建设筹措资金的需要，也为了旅游地能不断推出各种旅游产品，延长旅游地的生命周期，需要制定分阶段实施的项目及目标。

（5）形成规划设计文本及图件：规划设计中，可能会形成多种方案，应根据区际关系、内部关系、方案的可操作性、效益等方面进行对比，筛选出最佳方案，必要时召开专家咨询会，集思广益。最终形成规划结果。

第五章

园区选址和
资源分析

农业休闲园区项目在建设之前和筹建初期的首要工作是对拟定的园区地址和范围进行资源分析，判定是否具有开发前景，分析优劣势并制定相应的策略。资源分析阶段工作包括对拟选园区进行现状调查、区位及交通分析、产业和自然资源调查分析、优劣势判定等。这些工作中的第一步就是园区选址，选定未来的建设地点和范围。

第一节　园区选址

农业观光休闲园区经过近30年的发展，许多学者针对园区建设的理论和实践进行了大量的研究，并提出了园区建设中存在的各类问题及相对的发展策略和解决办法。通过对此类研究的各种资料和报道进行比较发现，随着研究深入，对项目筹备阶段开始的园区选址和园区资源调教分析问题愈加关注和重视。究其原因，园区选址是园区建设的基础，承载了后续进行开发的所有生产性项目和游赏开发项目，未经科学合理论证的园区选址将对后期的园区建设产生长远而重大的影响。

1. 选址不当的产生

园区选址不当问题的产生初始通常源于几种情况：一是在一定的农业产业生产基础上，进行产业提升，发展休闲观光产业并建设园区，园区没有重新选址的余地。这是一种常见的情形，在整个农业产业转型，追求更高的产业效益的趋势下，在种养业发展到一定阶段通常会面临效益瓶颈，在这种背景下，利用现有的种养殖产业优势发展采摘、认养等休闲活动拓展经营效益是一种很常见的选择。二是一些原定发展某些种养项目的园地，在产业发展以前已经预见到这种情况，所以开始准备发展休闲产业，但园址早已经确定不可以更改了。三是基于价格，或者地方政府的推动，或者乡土情结等各种因素，又缺乏对发展农业观光休闲深刻的理解，因而未能很好地做好前期选址和资源分析工作而比较盲目地上马的项目。

2. 选址不当在后期园区建设中的不良影响是深远和广泛的

首先，选址不当导致直接建设成本的大幅上升，比如，由于地处偏僻和交通不便将使农田改造费用大幅增加；物质运输费用大幅增加；基础设施和公建设施建设体量大、造价高造成的费用大幅增加；包括后期的项目运营、客源组织等环节都可能增加成本投入。

其次，可能导致客源市场受到极大影响。例如，英国学者对英国范围内 3 类风景区周围的休闲农场进行了分析研究，研究表明，距离风景区 5 千米范围内的家庭农场接待游客的概率远高于 5 千米范围外的农场，同时也更具有优势。这就充分证明了区位对于客源市场的影响。此外，交通便利性或者配套设施建设用地的宽松程度等和选址相关的因素也都对运营中的客源市场产生持续性的影响，从而影响园区的经营和效益。

最后，对园区的产业发展和运营管理提出更高要求。选址不当的园区由于建设成本偏高而客源组织困难的双重压力，要想取得效益，必然要在产业生产、发展，游赏项目策划、组织、运营等对日常经营管理提出更高的要求。

3. 园区选址的经验

园区如何选址呢？总结长期的园区规划实践经验和我们开展的一些相关研究的结论，提出了以下几点园区选址的参考标准，可以直观、迅速地对一些明显不合适的选址进行淘汰，然后再深入进行相关分析对选址合理性做下一步的判断。

从农业产业基础上看：现有农业产业发展具有一定的基础，生产管理水平较高，最好园区农产品在一定区域范围具有知名度。农田设施基本完备，自然气候条件适合。我们在福建省内调查了 29 个具有一定知名度且被认为经营状态较佳的园区，按前文的园区资源利用型和产业优先型的分类标准，资源利用型园区中盈利的仅占 22.22%（未扣除部分园区由于投建中或者征地等具体原因影响经营效益）；而产业优先型园区中盈利的可达 73.33%，虽然很多园区的产业生产本身未必盈利，但以此为基础的休闲开发却有很好的效益。因此，产业基础对园区经营的影响是非常直接的。

从资源条件上看：拥有特色、适宜观赏、游玩且有一定知名度、影响力的自然或文化资源，有利于园区经营，如很多农家温泉、温泉农业休闲园区等。但缺乏足够吸引力的一般性自然和文化资源作为基础开发农业休闲，投资大，建设难度高。

从交通区位条件上看：按照 2 小时经济圈理论，园区选址最好在中心城市的 2 小时经济圈范围内，且从中心城市到达园区没有明显的交通卡口，道路状况良好。同样在上述调查中，离中心城市车程 30 分钟的园区 7 个，其中 5 个盈利。30 ~ 120 分钟的园区 14 个，其中 7 个盈利，超过 120 分钟的园区 3 个，均处于不盈利状态。虽然有各种具体情况，但区位交通条件不同对园区经营效益影响是非常直观的。农业休闲观光园区与邻近中心城市之间的距离长短，基本上决定土地资源分配和使用，并对园区的经营前景产生重要的影响。选址的不同，对于主要产品选择、园区农产品价格、经营成本、运输费用、推介费用、产品效益等均产生重大的差异；同时对于农业景观特性、地方文化民俗、农业文化特色等人文相关特性的差异性和独特性也有重要的影响；进而影响对园区的目标、定位、经营活动、建设强度和市场开发等，最终影响园区的效益和生存。

从地区社会经济发展水平上看：国外研究表明，人均 4 000 美元收入是农业观光休闲产业开始发展的一个起点，当然国内情况并不完全如此，但也表明园区所在地区的社会经济发展水平，尤其是作为主要客源地的中心城市的经济水平对园区的客源和经营有着明显的影响。在前述调查中，各地园区的经营状态和所在地中心城市的经济排名具有十分吻合的趋势。

此外，园区所在地劳力资源情况，政府的政策支持力度，土地流转的可能性、困难程度和成本代价等因素也是这一阶段需要了解和考虑的。

第二节　选址的现状调查

初步选定园区地点范围后，我们可以进一步对园区的现状进行调查，为下阶段的选址分析打好基础。现状调查一般需要考虑自然环境、产业状态、景观和文化资源、区位条件、水电路交通等设施状态、当地社会经济发展水平及其他一些需要的相关资料。

自然环境的调查包括园区地形地貌、地势走向、土壤条件、动植物资源、气象物候、水力资源、矿产等。

产业状态的调查包括工农业生产情况、主要优势产品、生产污染等。

景观和文化资源分为自然景观资源和人文景观资源，可以参照《风景名胜区管理暂行条例实施办法》《风景名胜区规划规范条例》中相关条文对景观资源和分类等进行调查。

区位条件、设施状态和社会经济发展水平的调查包括园区所处位置，和中心城市（主要客源地）的距离及交通条件、园区可达性、目前的水、电及其他基础设施配套情况和未来扩容增量，园区范围内目前的旅游接待设施、能力和潜力，园区所在地的社会经济规划发展、政府态度和政策支持力度，当地居民对园区项目的接纳程度和参与意愿等。

第三节　选址阶段的 SWOT 分析

SWOT 分析是当下流行的战略规划报告里一个众所周知的工具。来自麦肯锡咨询公司的 SWOT 分析，包括分析企业的优势（Strengths）、劣势（Weaknesses）、机会

（Opportunities）和威胁（Threats）。因此，SWOT 分析实际上是对企业内外部条件各方面内容进行综合和概括，进而分析组织的优劣势、面临的机会和威胁的一种方法。

1. 农业休闲园区的 SWOT 分析（刘敏，2019）

对于农业休闲观光园选址的 SWOT 分析而言，将有效帮助企业判断在一定发展目标和方向的指引下选址某一地块进行园区建设，产业发展、资源、社会经济条件等外部环境因素对建设目标实现的影响；投资企业的资金、人才、技术和策略等自身实力与潜在竞争对手的实力比较，扬长避短，实现园区建设开发（孙飞达 等，2019）。通过 SWOT 分析，可以帮助园区投资建设者对园区选址和建设目标做出科学性、合理性判断，从而集中资源和行动在自己的强项和有最多机会的地方；并对未来的建设目标、园区性质、产业方向等做出适当的调整选择。

机会与威胁分析：互联信息时代的资讯交流广泛快捷，企业面对的环境更为开放和便利，分析和预测工作便成为所有经营者的日常重要工作内容。在农业休闲观光园区的建设选址中，外部环境因素的不同带给每个园区不同的环境威胁和环境机会。例如，一个处于经济较为落后偏远山区的园区，所处环境通常可能在带来当地渴望发展经济而至的政府支持、土地资源等自然资源丰富充足、竞争较少等环境机会的同时，面临生态保护压力大、客源和产品营销受到交通、区位条件、当地薄弱经济发展阻滞、市场培育期漫长等环境威胁。所以在园区选址时，我们应对机会和威胁进行全局视野的综合分析考量，并因此确定选址决定或者修正建设的目标和园区发展方向、性质的预判。

优势与劣势分析：每个园区在筹建时都要识别环境中有吸引力的机会，并审视自己的优势与劣势，拥有在机会中成功的竞争能力，这就是在选址阶段进行优劣势分析的意义。所谓竞争优势是指园区超越其竞争对手的能力。值得注意的是，竞争优势并不一定完全体现在较高的盈利能力上，因为有时企业更希望增加市场份额，或者是拥有更高的知名度或者社会影响力。竞争优势可以指消费者眼中一个园区或它的产品有别于其竞争对手的任何具优越性的东西，它可以是农产品或者旅游产品的种类、质量、可靠性、适用性，园区的景观、风景或形象的美感或特色，文化、民俗的独特性和区域性，游赏项目丰富度、参与性、可玩性、体验感，以及服务的及时、态度的热情等。但在选址阶段能准确预判未来园区究竟在哪个方面利用资源将具有优势更有意义，因为只有这样，才可以对园区建设准确定位，扬长避短，或者以实击虚。

在做优劣势分析时必须从整个园区未来发展设想的每个环节上，将园区与现存和潜在的竞争对手做详细的对比。竞争性优势来源十分广泛，如果选址可以确保园区在某一方面或几个方面的优势，正是该园区建设应具备的关键成功要素。需要注意的是，分析是否具有竞争优势，只能站在现有潜在用户角度上，而不是站在园区经营企业的角度上。可通过一个类似"园区建设运营检核表"的方式进行优劣势分析，通过对该选址基础上建设园区未来的农业产品和旅游休闲产品及其营销、资金与财务状况、管理和组织运营能力等要素进行分析。每一要素都要按照特强、稍强、中等、稍弱或特弱划分等级。

在选址考量时，不仅应看见选定地址带来的资源和条件及利用优势，还应对选定地址对于园区未来保持这种竞争优势地位的维持或扩大是否有着有利或不利的影响做出一定预判，这种预判可以考虑建立优势需要投入的时间和资金成本、优势大小以及面临对手针对优势的竞争反应可以维持多久时间。如果分析清楚了这 3 个因素，就会更加明确园区为建立和维持竞争优势中而采取的定位、运营策略等。

显然，我们不可能去纠正所有的劣势，也不应对优势不加利用，而且需要不断去获取和发展一些优势以找到更好的机会。同时应明了优劣势分析并不等于已经取得优势，而应该在从选址开始的每一个阶段，管理好那些基本程序并紧紧抓住核心竞争力才能真正实现竞争优势，使分析结果得到具体实现。

2. SWOT 分析步骤

首先，园区建设方应对园区未来的预设发展目标、定位、性质及资源利用方式、方向等有明确的概念、思路或计划。具体而言包括预计园区发展目标、性质与类型、农业种养的主要类别、农业生产和休闲发展比重、观光休闲产业主要类别、预期客户市场、投资额度与资金筹措、人才准备等。

其次，应在明确的预设目标下针对所选园址进行调查、了解、分析相关外部条件因素，或者外部机遇与挑战（可以应用波特五力模型或 PEST 方法）。应包括当地政府的相关政策、优惠或限制条件、当地居民对产业进入的态度、当地人口及经济状况、预期客源市场的人口经济条件、当地同行业或者相似、相关行业的发展状况等。

再次，根据选定园址并参考周边的现存资源条件，园区建设企业自身的资源整合条件和技术、管理能力等因素，分析实现预期建设目标的关键能力和关键限制点，即优劣势分析。关注因素包括选定园址的自然气候条件、地形地貌、土壤条件、交通区位条件、现存设施条件、建设企业技术优势与特点、策划创意和运营能力等。

最后，利用 SWOT 表进行分析，将优劣势和机遇、挑战因素分别填表，分析可利用、可改进、需重视、需消除的相应问题，从而对选址可行性和合理性做出是否合适的判断。

3. SWOT 分析的简单规则

进行 SWOT 分析时必须对园区运营的优势与劣势有客观的认识；区分园区的现状

与前景；与竞争对手进行比较，比如，优于或是劣于你的竞争对手。必须考虑全面，保持分析的简洁化，避免复杂化与过度分析。分析法应适宜实际情况，因人而异。

第四节　闽侯龙泉山庄选址 SWOT 分析案例

每个园区的建设者在选址时都会在脑海里进行过类似 SWOT 分析的思考，只是有时并未应用这种分析的形式来表达，下面我们通过一个简单的 SWOT 分析案例，使大家对其有个直观的了解。

1. 案例概况

闽侯龙泉山庄位于闽侯县双龙村，园区坐落在省道边，对面为曾经福州市小有名气的中小学生实践基地地球村，建设伊始从福州中心城区驾车约 60 分钟可达（现高速通车后约 30 分钟可达），交通条件十分便利。

园区核心区域面积约 100 亩，地形为少量平地和沟谷相间的南方丘陵山地，山地坡度为 30°～50°，较为陡峭，大樟溪支流穿越山脚，园区范围内自有温泉泉眼一口，出水口温度约为 65℃。飞地园区农业基地面积约 500 亩，位于离园区距离稍远的村内山地。

园区以开发温泉旅游资源结合开展农业休闲观光业，区内有宋代古墓葬一座，虽已残破不可辨认，但遗留的 10 多尊动物石刻造像等具有一定的文化价值。

2. 机遇与挑战分析

在中央到地方均积极鼓励农业产业新形式，不断出台各种政策鼓励和发展农业休闲观光产业的大前提下，在福州市和闽侯县明确了在闽侯县大力发展农业休闲观光产业，作为福州市民周末休闲的后花园，并切实支持了一大批休闲园区的建设和发展的背景下，该选址在政府和政策支持上有望得到极好的发展机遇。

在经济层面上，从 2006 年至 2010 年福建省 GDP 保持了每年在 12% 以上的高速增长（来源于福建省统计局《2010 年福建省国民经济和社会发展统计公报》），而福州市的经济在此期间也取得了可喜的发展，省域、市域经济的高速增长和居民可支配收入的增加，大大促进了居民旅游消费的能力。而高铁、高速公路等大量基础设施建设的投入进一步提升了园区选址的区位优势和交通便利性，拓展了潜在的客源市场。

从社会因素层面上看，首先，投资建设方与当地村民群众关系基础牢固，有利于推动园区建设的有序开展。其次，福建省居民尤其是福州的居民有着上千年的温泉消费传统，并且温泉养身休疗在全国也逐步流行，市场前景十分可期。

技术与管理运营方面，园区规划、温泉循环注水综合利用技术和农业相关种养技术与省内相关科研机构开展良好的合作，并获得科研机构的技术支持。

投资方虽然从事休闲旅游开发的经验不足，创意策划团队人才储备不足是最大的制约因素，但建设方具有长期丰富的商业经营和市场营销经验，在一定程度上缓解了该项潜在的威胁。

3. 优势与劣势分析

优势加分项：该选址靠近福州市中心城区，直接毗邻省道线，且有短途客运班车直接经过园区所在，区位条件优越，交通条件十分便利。

该选址园区进行温泉休闲开发的核心区占用土地资源以河滩地、低矮丘陵次生杂林地为主，土地成本低，资源占用少，符合土地利用的政策导向。

该选址使得园区拥有自有温泉资源，开发成本可控，温泉供应量有保证，温泉输送的附属配套设施等建设体量小，资金节约，且循环注水技术减少了资源浪费，进一步保证了效益。

该选址核心区山水相间、地形地貌变化丰富，自然资源条件和景观美观度良好，为景观环境营造提供了天然基础。

闽侯县作为福州市民短期休闲旅游后花园和重点发展农业休闲观光旅游的态势明确，市场培育成熟，政府和政策面均有充足的支持。

当地群众基础好，对项目建设掣肘作用小。

劣势减分项：该选址的核心区面积有限，农业飞地距离核心区距离较远，且道路条件有限，未来园区整体性受到一定的制约。

核心区地形复杂，区内公建设施和基础设施建设薄弱，开发建设需要投入的资金量较大，筹措时间长。

建设方虽然有丰富的营销经验和社会人际关系，但从事休闲旅游开发经验欠缺，旅游开发和游赏项目策划创意团队人才储备不足。

虽然该选址地块拥有自有温泉资源，潜在客户来源区也有着温泉消费的传统，但在福州市域范围，温泉资源充足，各类温泉休闲场所众多，档次齐备，项目丰富，竞争十分激烈，而园区当前基础薄弱，是十分明显的劣势所在。

4. SWOT 分析表

综上所述，在目前选址的基础上进行了机遇、挑战、优势、劣势分析后，可以看出该选址基本适合建设一个以温泉休闲为龙头带动农业观光休闲的区域性的休闲观光园区，各方面条件有利于园区在这一既定目标下的建设与运营，但也存在一些风险和竞争劣势。我们从中筛选关键性的竞争优劣势与外部机遇、挑战要点，分析总结并检讨既定发展战略，进一步判别该选址的适宜性和科学性（表5-1）。

表 5-1 龙泉山庄 SWOT 分析

项目		优势	劣势
项目		自有温泉资源 区位、交通条件便利，自然资源（风景、地貌）优越	市域范围同业竞争异常激烈 建设资金数额大
机遇	政府和政策的支持力度强劲 客源市场发育成熟	努力发展 努力获得政府支持，以开发温泉资源为优先重点，带动整个园区休闲游赏活动的开展和园区建设	确定价格竞争优势，在此基础上发展稳定客户群体，再细分服务档次，进一步扩大市场份额
挑战	园区空间结构松散，核心园区面积小，容纳量小 创意策划和营销团队人才储备不足	注意合理利用空间，细化配套服务，把控质量和项目创意关	杜绝盲目跟风其他同行模式，选择差异化的市场竞争方向

从 SWOT 分析表可以看出，龙泉山庄在这个选址基础上，虽然存在一定的劣势和外部挑战，但是通过制定合适的发展策略，明确建设、发展步骤，依然具有极强的市场竞争力，所以，确定该选址和初步制定的未来发展策略是可行和合理的。

第五节 拟选园址的风景资源分析评价

1. 风景资源分类

农业休闲观光园区的建设是人类改造自然环境、利用自然资源为人类服务的过程。与其密切相关的自然资源几乎涵盖了常见的几大类自然资源，尤其是农业资源。农业资源是农业自然资源和农业经济资源的总称，农业自然资源含农业生产可以利用的自然环境要素，如土地资源、水资源、气候资源和生物资源等；农业经济资源是指直接或间接对农业生产发挥作用的社会经济因素和社会生产成果，如农业人口和劳动力的数量和质量、农业技术装备、包括交通运输、通信、文教和卫生等农业基础设施等。对拟建园区所在地农业经济资源可以通过 SWOT 方法进行分析和评价，而自然资源则需要另外的分析评价。

《辞海》中自然资源的定义：指天然存在（不包括人类加工制造的原材料）并有利用价值的自然物，如土地、矿藏、水利、生物、气候、海洋等资源，是生产的原料来源和布局场所。联合国环境规划署（UNEP）的定义为：在一定的时间、地点条件下，能够产生经济价值，以提高人类当前和未来福利的自然环境因素和条件。通常包括矿物资源、土地资源、水资源、气候资源与生物资源等。当然，所谓资源也是一个变化的概念，是随着人类技术进步，对自然的改造利用而改变的。

与休闲观光关系最为紧密的自然资源应当属风景资源。所谓风景是在一定的条件下，以山水景物、自然和人文现象构成的足以引起人们审美和欣赏的景象。某些特定条件、一定的景象和对景象所产生的感受或者景感，构成了风景的三要素。

我国《风景名胜区管理暂行条例实施办法》中定义了风景名胜资源，风景名胜资源系指具有观赏、文化或科学价值的山河、湖海、地貌、森林、动植物、化石、特殊地质、天文气象等自然景物和人物古迹、革命纪念地、历史遗址、园林、建筑、工程设施等人文景物和它们所处的环境以及风土人情等。风景名胜资源总的可以分为自然资源和人文资源两大类，这两类资源都可以通过外在的形式美表现和内在的艺术、科学价值引发人们欣赏、审美、求知等需求和其他的社会心理满足感。

在农业休闲观光中，梯田、荷塘、竹林、花海、稻浪、幽静的小乡村、传统的农事活动都是一种引人入胜的风景名胜资源。自然资源分布的不平衡性特点也促使农业休闲观光园区在建设前必须进行资源的分析评估。东北平原一望无际的田野、江南水乡的河网密布、珠江三角洲桑基鱼塘、云贵高原的哈尼梯田，不同的自然资源条件形成各具特色的农业景观。农业休闲观光产业的发展需要我们在更小的地域范围，更接近的自然资源条件下去分析每个园区所依存的自然资源条件的差别并加以发掘，以发展出每个园区的独特风格，使园区更具有吸引力和观赏性。

风景名胜资源宜分类进行分析评判，在农业休闲中可以借鉴风景名胜区对于风景名胜资源分类的标准，详见表5-2。在借鉴这一标准时，可将各种农田景观归入自然景观的第四类生境范围中加以分析。

表 5-2　风景名胜资源分类

大类	中类	小类
一、自然景源	1. 天景	（1）日月星光；（2）虹霞蜃景；（3）风雨晴阴；（4）气候景象；（5）自然声象；（6）云雾景观；（7）冰雪霜露；（8）其他天景
	2. 地景	（1）大尺度山地；（2）山景；（3）奇峰；（4）峡谷；（5）洞府；（6）石林石景；（7）沙景沙漠；（8）火山熔岩；（9）蚀余景观；（10）洲岛屿礁；（11）海岸景观；（12）海底地形；（13）地质珍迹；（14）其他地景
	3. 水景	（1）泉井；（2）溪涧；（3）江河；（4）湖泊；（5）潭池；（6）瀑布跌水；（7）沼泽滩涂；（8）海湾海域；（9）冰雪冰川；（10）其他水景
	4. 生境	（4）珍稀生物；（5）植物生态类群；（6）动物群栖息地；（7）物候季相景观；（8）其他生物景观
二、人文景源	1. 园景	（1）历史名园；（2）现代公园；（3）植物园；（4）动物园；（5）庭宅花园；（6）专类主题游园；（7）陵园墓园；（8）游娱文体园区；（9）其他园景
	2. 建筑	（1）风景建筑；（2）民居宗祠；（3）文娱建筑；（4）商业建筑；（5）宫殿衙署；（6）宗教建筑；（7）纪念建筑；（8）工交建筑；（9）工程构筑物；（10）特色村寨；（11）特色街区；（12）其他建筑
	3. 史迹	（1）遗址遗迹；（2）摩崖题刻；（3）石窟；（4）雕塑；（5）纪念地；（6）科技工程；（7）古墓葬；（8）其他史迹
	4. 风物	（1）节假庆典；（2）民族民俗；（3）宗教礼仪；（4）神话传说；（5）民间文艺；（6）地方人物；（7）地方物产；（8）民间技艺；（9）其他风物

2. 风景资源评价的发展

风景资源评价的研究与应用发展和景观生态学科的发展息息相关。景观生态学（Landscape ecology）是研究尺度较大地域范围内由不同的生态系统组成的整体（景观）的空间结构、相互作用、协调发展和动态变化的一门生态科学，是一门多学科间的交叉科学。在 20 世纪初由德国学者率先提出，而后沿着地理学和生态学两条脉络各自相对独立地发展。直到 20 世纪 80 年代，景观生态学才真正意义上掀起了全球研究热潮，如今依然是北美重要的前沿学科。1981 年在荷兰举行了"第一届国际景观生态学大会"，次年成立了"国际景观生态学协会"，同期，北美景观生态学派的强势崛起等一系列重大事件极大地推动了景观生态学研究领域的拓展与实际应用，随着当今"3S"技术、计算机科学技术等的发展与普及，景观生态学在各学科宏观领域研究中愈加得到重视和发展。风景评价的诸多方法如 VML、VRM、SBE 等均是基于景观生态学理论而发展出的景观生态学研究方法。

风景资源评价最早起源于欧美国家，由于担忧生产发展对生态环境产生的污染和破坏日益严重，20 世纪 60—70 年代欧美各国纷纷出台了一系列保护环境的法律、法规，如美国的《野地法》(1964年)、《国家环境政策法》(1969年)、英国的《乡村法》(1968年)。人们注意到环境和自然风景的美学价值应当有着与其经济价值一样的地位，但同时，风景美学价值的无法衡量导致认知和保护上的种种困难也困扰着人们。这种情况促进了在景观生态学理论和方法指导下风景美学学科研究的发展，而风景评价就是该学科研究的核心问题，换言之，风景美学研究就是景观生态学其中的一门分支研究内容。经过了几十年的发展，学科研究的内容不断充实，评价体系也日臻完善。目前的风景资源评价或者景观评价主要有四大理论学派：专家学派、心理物理学派、认知学派（心理学派）、经验学派（现象学派），其中又以专家学派和心理物理学派的应用尤为广泛。

专家学派认为凡是符合形式美原则的风景都具有较高的风景质量，而风景评价工作由少数训练有素的专业人员来完成，减少个人判断上的主观误差，在多样性、奇特性、统一性等美学原则的主导下把风景用线条、形体、色彩和质地4个要素进行评判，并将生态学原则也作为风景评价的重要标准。VMS、VRM、LRM等评价管理系统是这一流派的典型系统。下面介绍的综合评价法也属于这一类的评价方法。

心理物理学派将风景与风景审美的关系理解为刺激—反应间的对应关系，通过测量公众对风景的审美态度形成分值量表，基于客观的态度对构成风景的各成分进行测量，在赋值量表和风景成分之间建立数学关系，然后加以评判分析。SBE、LCJ方法则是该学派的代表方法。

3. 风景评价方法（蔡毅 等，2008）

风景资源的评价通常是在充分收集景源资料的基础上，通过探查、赏析、筛选、判别、鉴定出各类风景资源的潜力，并给予简便可靠、有效恰当的评估，包括了景源调查、筛选与分类、评分或分级、给出评价结论等方面的工作。在农业休闲园区建设的风景资源评价方面可以应用综合评价法、VRM方法和SBE方法等。

（1）综合评价法：是从景源价值、环境水平、利用条件、规模范围4个方面对拟建园区风景价值进行综合评价层次分析。景源价值，包括其美学价值是否有足够观赏性，奇特性吸引力游憩价值，即开展休闲游览活动的价值；是否给人舒适感，是否能承受游客活动带来的干扰；此外是否具有科普科教的潜在价值，或珍稀动植物品种的科研价值；是否具有年代历史意义，或有知名度，特殊度的人文价值；是否有特殊芳香，高负氧离子等保健价值等。

环境水平，包括风景的生态特征，动植物生长是否良好，种类品种多寡等。其次是保护状态如结构是否完整，是否受到周边产业开发或其他行为的威胁等，还有环境质量，是否已有保护管理等。

利用条件方面则分析现有开发利用状态，并考虑今后开发利用的可行性，从通信交通是否便捷或今后建设的便利度等。食宿接待的能力，其他基础设施，公建设施建设可能性和成本等。客源市场地及未来运营管理。

规模范围：主要是风景资源的面积、体量大小、预计的游客容量等。

综合评价就是在实地调查的基础上从上述 4 个方面判定风景资源的价值、作用和吸引力程度，并给出最终的评价结论，如价值，是珍稀名贵还是典型、重要或者只是一般性的价值。作用上是具有国家级代表性，还是只是地方性，或者只在当地有小规模影响。同样的，对游客的吸引力也可以按行政区划层级加以区分。这种方法可以由投资者自行进行或者邀请相关的业内人士、专家学者等参与，以期得到更有客观性和说服力的评估结论。

（2）视觉资源管理系统（Visual Resources Managemengt, VRM）方法：是由美国内务部土地管理局在美国一系列法律、法规要求将风景资源作为环境决策必须考虑的因素的背景下，为了能对风景资源进行科学的评估和管理并对实践活动提供有效措施的指导规划而研制的。目前该方法已经被视为视觉资源管理评价的经典方法之一，在世界范围内得到了广泛的应用。

林顿是 VRM 方法的开创者，他的森林风景资源视觉评价模型是 VRM 方法的基础雏形。现代 VRM 方法重在解决 3 方面的问题：一是对规划范围的风景地域进行视觉调查、分析和评价；二是建立相应的风景资源管理目标和管理措施；三是进行视觉影响评价，预测人类活动所能带来的视觉影响。

VRM 评价主要通过风景质量分级评价体系表对相应的研究评价对象进行量化评分，然后对其风景资源水平进行评价，针对某一类型的具体景观资源可以在评价体系表的基础上建立相对应的评价体系。VRM 风景质量分级评价体系见表 5-3。

表 5-3　VRM 风景质量分级评价体系

因子	内容说明	风景景色质量	
		等级	赋值
地形	高度复杂多变，奇特怪异或罕见的地形	高	5
	有相当的变化，有吸引人的细部特征的地形	中	3
	平坦，缺少变化和细部的地形	低	1
植被	植被类型丰富，有吸引人的形态、质感	高	5
	植被只有 1～2 种变化类型	中	3
	植被类型相同，缺少变化	低	1
水体	清澈透明的宁静水面或飞溅的瀑布等，在风景中起主导作用	高	5
	无论是宁静水面或飞溅的瀑布等，在风景中只属次要地位	中	3
	缺少水面或即使有水面也难以见到	低	1

（续表）

因子	内容说明	风景景色质量	
		等级	赋值
色彩	有丰富的色彩构成，突破、岩石、植被、水面和雪景，有明快的对比，色彩多样和生动	高	5
	色彩有一定的变化和强度，土壤、岩石和植被也有一定的对比，但是在风景构图中占次要地位	中	3
	色彩变化和对比微弱，常常单调乏味	低	1
奇特性	为当地极稀少的风景，其中也包括珍贵动植物	高	5
	尽管与其他风景有相同的地方，但仍保持突出的自身特点	中	3
	尽管当地极常见，但风景仍能引起人们的注目	低	1
人文影响	对该风景质量起积极作用	高	5
	因不协调人工因素而产生一定的破坏	中	3
	大规模地破坏了原风景	低	1
相邻景观	对提高风景质量有显著作用	高	5
	对提高风景质量有一些作用	中	3
	对提高风景质量几乎不起作用	低	1

图 5-1　镜花缘田园综合体园区全景　2019 年　云霄县（潘宏　摄）

VRM 评价人员应选择相关从业专业人员（专家）亲自考察评价对象景观，并考察周边相关景物，以期形成总体印象和相互比较的概念判断。翔实记录评价对象风景特色，最终依据评价体系表给予赋值。将评判专家对各单项的赋值进行相加，最后根据预设的景物等级分值对评价对象进行景观质量等级评判。一般设 3 个级别，A 级（19 分及以上），B 级（12 ～ 18 分），C 级（12 分以下）。

VRM 方法后续可以继续应用在景观安全格局和敏感性分析上，以判断建设行为对自然环境形成的影响和破坏程度，继而选择合适的建设地点、规模等。尤其是在大型建设项目上应用广泛，但在农业休闲园区建设中较少进行安全格局和敏感性分析。

综合评价法和 VRM 评价法更侧重于从园区总体层面上对风景资源（景观资源）进行评价，一般也都倾向由专家对资源进行评价以得到比较权威性的结论。而 SBE 评分法，则更适宜应用于单个景物或景点级别的评价，综合园区各个节点的评价对整个园区的风景资源形成一个总体的认识。

（3）景观美景度评价（Scenic Beauty Estimation Procedures, SBE）方法（又称评分法）：这是由 Daniel 和 Boster 于 1976 年提出的心理物理学派的经典方法，诸多研究表明现场评价和室内评价之间、不同类型评价者之间，所做出的评价并没有明显的差异。

续图 5-1 镜花缘田园综合体园区全景　2019 年　云霄县（潘宏　摄）

SBE 法通过规定拍摄数量、条件等的照片作为评价媒介，再组织人员对媒介进行评价。SBE 法将审美态度和风景成分量化相结合，从而实现用数学模型来评价和预测风景的目的。在有严格限定的前提下，具有很高的敏感性，因而在国内外得到了广泛的应用，如森林景观、林分景观、道路和河道等廊道景观、城市居住区和公园、绿地景观等的景观美感评价，并得到了诸多具有很高实用性和操作性的评价模型。

SBE 评分的具体方法：对要进行评判的风景进行初步的景观成分划分，然后针对不同的景观成分拍摄评价用照片。

拍摄时，选择比较一致的天气条件和拍摄时段，采用同一相机设定感光度范围、光圈等相机拍摄条件，一定的拍摄角度、取景距离等。由同一拍摄者在景物正面 120° 取景范围内移动选取 3～4 个拍摄点拍照。按不同的景观成分，在拍摄的一系列照片中筛选能清晰、充分表达景物特征和美感度的照片，分组，最终确定为评价媒介。

评价者可按专业人员和非专业人员进行分组，同类人员分为一组；评价人员需达到一定的数量，尽量消除评价判断的个体主观差异。

采用幻灯片评判方式，播放前先对评判者说明美景度评判评分依据和标准，播放时要求评判者在 10 秒内迅速做出直观评分。根据评价者的评分对景物美景度做出评判分析。

在专业研究中还需要应用标准化处理将所有评判者评价分数进行统计分析处理，以消除不同评价者之间的审美差异。但在农业休闲园区建设实践中，出于节约时间和成本考虑，一般可以直接基于评分值的简单处理对拟建园区景物美景度迅速做出初步判断，为今后的园区分区布局和游赏项目开发设置等提供参考依据（杨书豪 等，2019）。

第六章

园区定位和案例分析

虽然观光休闲农业发展迅速，但很多学者认为，到目前为止观光休闲农业仍有着"721"定律，即 10 个农业观光休闲项目，7 个亏损，2 个保本，1 个盈利。因此要取得良好的建设效果和效益，通过科学的资源分析选择适宜的开发地点之后，就需要针对性地根据前期分析和综合评价的结果确定未来园区发展的目标和性质。

一个园区的发展定位包括对功能、形象、市场、方向和客源等方面的自身认识和前景预期，未来目标定位的各项内容是相互影响相互促进的。科学合理的全面定位和目标设计有助于园区建设和运营的顺利进行。

第一节　园区的功能定位

1. 园区主要功能分析

休闲观光农业园区主要功能分类，从资源条件上看，如果是以农业产业为基础开展休闲观光的，首先，应搞好产业生产，如丰富的产品种类、优质的产品质量、浓郁的产业生产风格景观等，以产品和浓郁的农业产业文化气息作为和城市环境完全不同的异质景观基础吸引游客。其次，发掘、策划好和生产过程相关的体验活动项目，如认养、采摘、劳作体验、产品初加工等。再次，延伸展开各种游赏活动项目的策划和运营，围绕"吃、住、行、购、游、娱"的旅游要素，结合园区条件和道路、景点等空间布局安排各项游赏活动。最后，注重园区优美的景观营造、良好的服务设施等硬件环境与服务软环境建设，如科学的游线设计、人性化导览系统或服务、方便的金融、卫生、通信设施、服务、系统的休闲从业人员培训、企业形象和广告等。

如果是以自然资源条件为基础开展休闲观光，首先，应考虑如何围绕"吃、住、行、购、游、娱"的旅游要素结合园区特色自然资源条件，开展休闲观光。其次，是发展特色农业产业和游赏活动项目，丰富和补充休闲活动外延。最后，需要将景观环境、游赏设施、服务设施、服务态度和质量等各项软硬环境配套建设完善。

简而言之，园区的功能定位，需要分清未来发展走的是产业优先、农旅结合、以旅促产的路线；还是资源利用、产业辅助、以旅带产的路线；或者是农旅并重、文旅并举、相互促进的路线。重在根据园区的具体资源条件、现状和投资建设的能力等各方面条件不同，将功能定位进一步细化，明确园区未来的某一项或几项主要功能，并围绕这些功能开展建设布局规划、产业发展计划、项目运营策划等工作。产业优先型园区可以是欣赏农业和农村风光为主的田园观光型如婺源油菜花观景、霞浦滩涂摄影、尤溪联合梯田观赏；可以是依靠农产品采摘、土地认养、劳作体验为吸引力的采摘园等，如长泰县格林美提子观光园，周宁县、明溪县等的蓝莓采摘园等。资源利用型园区可以是挖掘自然资源优势充分加以利用开展观光休闲的园区，如闽侯龙泉山庄、清流天芳悦潭等福建各地农旅结合的温泉旅游园区；可以是利用自然地形地貌等条件、人工营造景观开发的园区，如云霄大山海景旅游度假山庄等。此外，诸如各种农家乐园区、以科普教育中小学生素质教育为主要功能的园区、高新技术和产业设施展示、推广结合休闲观光开展的园区等，都需要抓住自身优势，打造自身特殊功能定位，才能保证对游客的吸引力和自身竞争优势。

那么，在具体实践中应该如何给予园区一个较为合理准确的功能定位呢，通常我们需要综合考量以下几个因素，首先确定园区发展某一项或几项主要功能的相对优势，然后给出结论。其分析方法可以借鉴"千层饼模式"分析法，引入一定的量化评判，使得这种判断趋于更为科学合理。

2."千层饼模式"分析法

曾获全美艺术奖章和日本城市设计奖并创立宾夕法尼亚大学研究生院风景园林设计及区域规划系的英国著名园林设计师伊安·麦克哈格于 20 世纪 60 年代提出了"千层饼模式"与设计结合自然的其他内容，并在里士满园林大路选线方案过程中加以运用且获得成功。

"千层饼模式"是对一定区域内生物和非生物因素的纵向流动关系，即根据一定区域内的自然环境与资源特征，通过兼容度分析，排序结果，以地图叠加技术形成千层饼，在人类可知范围内进行分析并标志场地规划成果，以保障开发活动和场地特征，自然过程相一致。随着生态规划理论和技术的不断发展，"千层饼模式"也由传统的自上而下适应自然的过程，丰富为"自上而下""自下而上"兼顾水平和垂直生态的多重往复循环判断的过程并得到更广泛应用。

在确定功能定位过程中，"千层饼模式"一个简易的判断流程如下。

对影响功能定位的各因子进行分类——结合土地利用及开发活动对每一类型进行排序——排序结果绘制为叠加图形——根据绘制叠加图形的结果进行分析。

第二节　园区形象定位

形象定位是当代营销发展的一个趋势，知名城市、企业各有自身的形象定位。形象定位和旅游业的渊源已久，美国的"I Love New York"运动在 20 世纪 70 年代开启了旅游地营销的旅游形象定位大幕，从"音乐之都——维也纳""时尚之都——巴黎"到"钢琴之岛——鼓浪屿""风筝之乡——潍坊"，这些耳熟能详的口号就是一个个成功的旅游城市形象定位。

农业休闲观光产业随着不断的发展，在园区建设和运营过程中，给予一个生动活泼、引人入胜的形象定位的重要性已被越来越多的经营者所认识和重视，但要如何准确界定并迅速树立一个园区的形象，却是很多经营者还不了解的。

1. 农业休闲观光园区形象定位

农业休闲园区形象是指在一定的时间和环境下，游客对园区的综合认识和总体的评价，即游客对园区各种感知、印象、情感、认知、评价的综合表达。

形象定位则是从形象评价的角度出发，对园区的资源、环境、条件进行综合分析，对园区影响今后发展的稳定和根本性的因素进行分析研究的基础上，根据园区功能定位所确定的项目特色，引入大众熟悉的某一人文、生态、科技、生物等方面的概念，或者多个概念组合，提出一个清晰、独特、朗朗上口、引人入胜的主题，迅速地将园区形象传达给受众群体。

2. 农业休闲观光园区形象定位作用

现代旅游业的竞争不仅仅是质量、价格和服务的竞争。多方位竞争的焦点之一就是总体形象战略的策划，打动人心的优秀形象战略可以抢占先入为主领先地位，是一个休闲旅游项目良好的无形资产。作为一个休闲观光农业园区，成功的园区形象定位，可以起到以下几方面作用，迅速吸引游客的眼球，扩大园区的影响力。

为园区的游赏项目策划建设提供明确的发展方向，充分表达园区产业和功能特色。在农业休闲项目迅速发展，很多地方同类项目扎堆的情况下，充分挖掘每一个园区自身资源和运营的特色，找准市场定位，为游客提供明确目标导向，为园区内的各项目策划和建设找准明确的目标模式，引导园区项目合力向前，整个园区的建设趋于风格化和统一性。

可以将园区休闲旅游信息要素快捷有效地推介给潜在客源，降低宣传、广告成本。随着旅游业不断发展，游客的可选择性不断增加，面对如潮信息，难免催生"选择困难症"患者——游客难以在信息包围中迅速准确地找到最适宜自己心愿的旅游目的地。而良好的形象定位，能简明扼要地给潜在客源深刻的印象，诱发其旅游冲动，从而有效节约成本，吸引更多的游客。

3. 农业休闲观光园区形象定位原则

农业休闲观光园区形象定位原则就是"扬长避短，见缝插针"。

从休闲观光农业的发展现状来看，很多园区同处在一定区域范围内，无论在产业景观本底上，或是在自然景观资源和人工景观营造上，甚而在游赏项目策划营造和农副产品、旅游产品的种类和质量上均有非常多的相似性和重复性，其结果是各个园区"千人一面"，园区形象泯然众人，缺乏独特的个性必然导致无法充分发挥景观多样性和异质性对游客的吸引力，从而影响园区经营的效益和发展。如何在众多包围中脱颖而出，就需要我们把握"扬长避短，见缝插针"的原则，进行园区的形象定位。

"扬长避短"就是从自身出发，充分发扬自身优势所在，突出自己的独特性进行定位。每个园区都应从资源、环境、产品、服务、文化等方面去寻找在一定的地域范围内自己所独有的特有的、非独有但有特色的、传统或普遍但被自身重新赋予新的内容、项目、特色的优势所在，突出主题，结合实际进行形象定位。

"见缝插针"则从一定地域范围内的外部竞争对象分析入手，寻找竞争对象的定位差异点。差异性产品才能带来足够的市场竞争力，因此在分析对手的基础上，再从内部挖潜，分析自身的资源、产品、服务等方面的特色和比较优势，策划开发新产品、新服务，找准市场空隙，准确定位形象，开拓新市场。

4. 农业休闲观光园区形象定位方法

在"扬长避短，见缝插针"原则指导下，可以从以下几方面入手，进行园区的形象定位。

"优势法"适用于在某些资源或产品方面具有明显比较优势的园区。比如，温泉资源、火山或者冰川遗迹等自然景观资源优势；作物品种或种植面积、品牌名声、设施设备、行业地位等一个或多个因素占有的产业优势；足够的社会影响力和知名度等社会资源优势乃至地理区位优势等，都可以牢牢把握住作为园区形象定位的重要支撑点。

"借代法"应用有两种形式：一种是拥有比较特别的人文资源条件，比如，名人故居墓葬、历史遗迹、遗址或较有名气的寺庙道观、民俗风情等。另一种是拥有比较优美的自然或人居景观等，并且和某一著名的旅游地存在相似性和一定程度可比性，但在规模、格局、知名度、美感度等方面存在差距、差别，如福安园区利用园区内小溪一片几百平方米石底浅滩和著名景区白水洋类似的地质结构，准备营造"小白水洋"主题项目。

"空隙法"是应用最为广泛的一种形式，利用同类旅游项目或产品的市场空隙，调查分析旅游者心中已形成的形象类别，从中寻找市场形象空隙、产品空隙，结合自身资源条件和产业水平，营造特色，做到人无我有、人有我别、人有我优，从而塑造一个有强烈风格特征的主题形象。

第三节　园区市场定位

目标客源定位市场定位就是分析确定目标市场和目标客源，并按照功能区、营销时序、客源类别构造三维营销战略框架；因此订立某一发展时期的游客量、销售额、利润等发展目标。市场定位通常会基于所提供的产品特性、产品用途、产品使用者、产品档次或者竞争对手的产品针对性等方面其中一项或多项的综合开展定位。

对农业休闲园区进行市场定位可以沿着以下 4 个步骤进行。

第一步，对园区提供的农产品和休闲产品进行产品属性分析，最重要的就是价格和质量的分析，这两个产品属性往往是游客最为关心的。当然，如果经营者有着丰富的能力和经验，可以对自己所提供的产品进行更细致和有针对性的产品属性分析，在一般情况下，清晰判断了自身产品的价格和质量在市场地位基本决定了园区的客源市场。

第二步，对竞争对手的市场位置和份额进行分析判断。这些工作和前期的 SWOT 分析有着很多的重合与相似之处，只是在明确了园区的产品之后，使得分析判断更为明确而有针对性。

第三步，确定园区自身的市场定位。在前两项分析的基础上，初步确定自身的市场定位，即目标市场和目标客源群体、预期的游客数、销售和利润预期等。

第四步，对初步定位的检验和修正。通过市场持续的深入调查、反思比对，通过园区初期运营或试运营的实践去发现问题，对既定的市场目标进行重新检视和修正，以确保市场定位适应不断变化的市场需求，找准落脚点，保证经济效益。

第四节　实践案例分析

1. 案例概况

　　永泰青龙溪生态农庄位于福建省福州市永泰县青龙镇，靠近省道线，由高速梧桐出口到农庄驱车仅约 15 分钟，交通便利。园区地貌为河谷、冲击小平原和山地梯田相间的南方丘陵农田地貌，核心区占地约 50 亩，外围拓展区占地约 200 亩。目前已经建成 3 栋管理房、接待中心，游廊、观景水池等功能建筑和设施，尚有农庄大门、登山道、餐饮设施等休闲游览设施等正在建设中，具有一定的接待能力。目前园区内主要种植有山茶花、桂花、木棉、香樟、红叶石楠、栾树等十几种园林植物，资源较为丰富，也适合结合发展休闲观光产业，但布局散乱，景观美感度较差。周边水系环绕，山色秀丽，河滩、库坝等景观对于城市居民均有一定的异质性景观的吸引力，水源供应充足。

　　永泰青龙溪生态农业园是一个目前占地 50 多亩的小微型园区，建设方前期未做规划，已经投入建设 3 幢木屋、少量道路及水池廊道等园林景观。但缺乏未来的建设和经营方向，委托我们帮助其进行园区总体规划。

2. 功能定位

　　根据园区实际情况，对园区进行"千层饼模式"分析（表 6-1）。

表 6-1　青龙溪农业生态园功能定位分析

"千层饼模式"示意图	功能定位分析	
产业　　　旅游	场地现已种植大量山茶花、桂花等园林苗木 延伸区域为农民蔬菜园地，长期种植	产业发展 +1

（续表）

"千层饼模式" 示意图	功能定位分析	
	毗邻青龙溪水库，山水相间，空间变化丰富，具一定自然景观美感	旅游休闲 +1
	建设经营者主业为建筑施工类，苗木生产方面销售具有一定优势	产业发展 +1
	经营者与农业科研单位签订合作协议，尤其在蔬菜生产方面具有相对优势	产业发展 +1
	园区范围存在非农地，可资利用，而且形式多样，河滩地、荒坡地，小岛（半岛）利于景观改造和游赏项目设置开展	旅游休闲 +1
	交通便利，离中心城区近，利于吸引节假日及周末客源	旅游休闲 +1

（续表）

"千层饼模式"示意图	功能定位分析	
产业　旅游	永泰的农业休闲旅游产业得到政府支持，赤壁、云顶、青云山、姬岩等景点，休闲旅游产业链比较完善	旅游休闲 +1
产业　旅游	投资方主业经营业绩良好，效益丰厚，园区规模不大，资金投入充足，无压力。产业生产、景观营建和设施建设可以达成精致小巧有特色	产业发展 +1 旅游休闲 +1

结合分析，将青龙溪生态农庄定位为建设成一个以无公害绿色蔬菜、水果生产、配送为生产基础，以家庭亲子游和田园体验和趣味活动为主导方向，兼顾特色餐饮、绿色农产品实体与网络销售等多形式休闲玩赏一体的休闲观光农园。

青龙溪生态农庄将建设为福州周边独具特色的，对周边村落有示范带动作用的新型休闲农园；立足于中心城市近郊游拓展，逐步辐射到本省沿海一线乃至全省的省内知名精品小型特色休闲农园。

3. 形象定位

青龙溪生态园项目占地面积小，体量小，在县域、市域范围内都不具优势，面临永泰县、闽侯县、晋安区等福州中心城市周边地区众多家庭农场和小休闲园区竞争。永泰县范围内就有青云山、云顶、天门山等国家 4A 级景区，千江月、大喜村等 2A 景区，还有赤壁等诸多大型旅游休闲景区，大樟溪畔更是休闲观光景区众多，因此，形象定位采用"优势法"肯定是不可能的，而受限于客观资源条件，"借代法"也无法应用，很明显，只能分析自身优势，寻找市场空隙，做好空隙定位。

从周边园区、景区分析上看：赤壁景区主打温泉、漂流、创意山水；云顶生态区主打瀑布、高山草场、蛋屋、天池；青云山风景区既有永泰第一位状元萧国梁"青云直上"的历史借代，又主打峡谷、瀑布、温泉等资源主题。千江月农场最出名的是大草坪、烧烤；幸福农庄则以森林生态和几大文化园为主题。从中可以看出，在基本面对同一客源市场的县域范围内景区基本以山景和瀑布等为主题。而农业休闲观光，也多以景观和体验活动为主题。

从园区自身情况分析上看：青龙溪生态园区虽然面积较小，但是紧靠青龙溪水库，且溪流平缓，整个园区自然景观和其他景区、园区相比显得更为精致，具备了良好的亲水休憩活动开展的资源基础。园区内的地势较为平缓，但又不乏立面高差变化，园地形成几层和缓平台，小山包坡度适宜，一边临水，一边俯瞰园林苗木基地，桂花、茶花、梅花等色香俱全，尤其是春季赏花正当时令。园区可以开展少量的体验活动，随着钓鱼、棋牌等休闲活动的逐步开发，建成以观景、休闲活动和趣味农事体验为主的园区游赏系统。

综合各方面分析结果在规划中将青龙溪生态园的园区形象定位为："藏龙梦境，半日偷闲。"取李涉诗"终日昏昏醉梦间……偷得浮生半日闲"的意境，传达了一种抛开忙碌、生活压力，享受一日慢生活休闲放松的意味；又借用青龙溪地名，表述一种"藏龙于野"的田园野趣美景的心理暗示给潜在游客群体。

4. 市场定位

优势产品：优美自然环境 + 闲散的休闲活动。

市场位置：区域内其他大中型休闲园区的空隙补充，针对追求个性化和私密性的一日游休憩群体。鉴于园区占地面积小，总体体量较小，结合城郊农业休闲游客行为特征分析，园区以周末为主要营销时间，周末时间每日园区游客峰值容纳量 300～500 人/日为宜。

客源市场：从地理区位和农业休闲观光出行的习惯来看，青龙溪生态园区最大目标客源市场就是福州市，省内其他中心城市尤其是厦漳泉区域，有可能成为客源辅助市场。

潜在游客群体：基于园区的地理位置和交通状况等分析，游客应以自驾游、周末游、亲子或家庭游等为主。

第七章

功能结构与空间布局规划

功能结构与空间布局规划（分区规划）是根据园区的生产发展需要，休闲、观赏和游乐活动的开展和安排，园区现有的农田分布、地形地貌等自然资源条件和利用现状，园区未来管理运营的经济性和便利性要求等，对园区土地空间及其所承担的功能与建设意象、目标等进行合理科学规划，奠定园区建设的总体框架。

分区规划通常包括以下内容：一是园区土地使用性质，各功能性土地区块的空间分布、范围和容量指标等；二是各功能区块（分区）具体承担的功能性需求说明，本区块未来开展的生产活动或者游赏项目初步策划意向；三是各分区的景观营造意象；四是确定内外交通的连接点、各主要公建设施和基础设施的建设位置等。

第一节　功能布局与分区规划普遍原则

一是尊重自然，保护生态。通过功能布局、分区规划来控制开发建设范围、面积和内容，保证不因为人为开发活动过度干扰自然生态系统和农田生态系统等。

二是注重产业发展，合理安排各产业功能区。充分重视农业生产在园区作为第一产业的地位，合理搭配安排其他休闲、游赏、服务等产业和功能。

三是兼顾软硬件设施建设，营造良好的游赏环境。完善公建设施、各类景观和游赏软环境建设，营造充满自然美感、独特农业农村风貌的，温馨舒适美好的游赏环境和氛围。

四是规划分区应充分考虑到管理和服务工作的便利性需求，利于执行好管理服务功能。

五是注重建设经济性和效益，适度开发，维护自然风貌和乡土气息。

六是全局统筹，科学排布，充分利用场地空间。目光长远，分期发展，各阶段空间使用预留足够的发展余地。

第二节　常见功能区块划分

农业农村部《关于休闲农庄的建设指导意见》中总结了 12 种功能区块类别，对园区功能区划分提供了参考意见。国内许多学者针对休闲农业园的功能区块划分进行了大量研究讨论，由于各个地区、每个园区的实际情况差别，在规划和建设实践中可能还有其他各种的功能区块，并未在上面总结的几个类型中。总的来说，农业休闲园区的功能需求可以分为四大类：产业生产性功能、休闲玩赏性功能、生产休闲兼顾性功能和管理服务性功能。从实践中看，无论园区大小、类型、产业状况和自然条件等差异如何，均需要安排这 4 类功能，才能基本满足休闲游赏的需求。

1. 产业生产性功能区

产业生产性功能区是指在整个园区中以产业生产、提供农产品和其他产品为主要功能的区块。也可以少量提供游赏服务，如作为景观背景的摄影拍照，土地认养或部分季节时段的采摘等。此类分区常见，如生产区、引种区、设施栽培区等。

（1）生产区：从事传统农业生产的区域，主要以生产农产品为主，在园区其他功能区农产品供给量不能满足游客时可开放（图 7-1）。生产区在景观建设、管理方面比其他分区要粗放，多作为园区的农田景观背景，有的园区相对封闭不对游客开放，有的园

图 7-1　永福的茶庄园生产区景观　2018 年　漳平县（潘宏　摄）

区生产区也可以适当承担一些观景摄影、休闲漫步等休闲功能。生产区位置一般由场地基址现状上的农田分布状况决定，对于以丘陵山地居多的南方休闲农业园区而言，专业采摘园之外的中小型园区生产区划分并不明显，生产性地块都会承担一定的休闲功能，偏向于休闲玩赏性区块。

（2）引种区：是引进、驯化、筛选和繁育国内外优良农产品品种的功能区块（图7-2）。通常在面积规模较大的且农业生产技术水平较高，在区域内产业技术有一定领先或先进性的园区才会设置。引种区的设置不仅是为了改良园内种植品种取得比较优势和效益，还可以延伸品种推广和种苗销售业务，这也是园区一个经常性的重要效益点。引种区的位置要在园区范围内选择土壤、自然条件较好的地块。但由于种质资源引种、隔离、筛选等技术方面要求，最好和生产区相对接近又有着天然隔离，以保证繁育过程中的种质纯正，不产生自然混杂。同时要考虑建设繁育苗圃、组培快繁设施等配套。

图7-2 温室大棚设施蔬菜生产景观 2013年 银川市（潘宏 摄）

（3）设施栽培区：进行农作物设施栽培的区域。虽然现代农业设施多种多样，但在农业休闲园区中大多数人谈到设施栽培区还是指连片具有一定面积的温室栽培区域；至于降温、开窗、自动浇灌乃至水肥一体化等温室配套设备、设施则因各园区具体情况而异。设施栽培一般用于反季节、新优奇特品种和一些对环境条件要求较高的农产品种植生产，温室设施作为典型农业生产景观必然提供了观赏、摄影等休闲功能，有些设施区内还会结合产出的农产品提供给游客体验性游赏项目，如花卉生产温室附属提供押花、干花手工制作或者 DIY 盆栽等体验活动（图7-3）。南方多山省份由于受地形和气候条件影响，温室设施运营成本较高。设施栽培区的建设需要审视栽培农产品种类、园区地形和土地状况等条件后慎重决定是否建设，以及选择适当的温室结构、形式和材质等。

图7-3　温室大棚设施蔬菜生产景观（局部）　2013年　银川市（潘宏　摄）

2. 休闲玩赏性功能区

休闲玩赏性功能区是指以开展体验、观景、健身、休闲等各种游赏活动为主要功能的节点区块。此类分区主要是休闲度假区，在每个园区内根据游赏项目、自然资源条件的不同拆分为多个不同名称的功能区块。在园区内的分布位置根据园区地形地貌和功能区块的服务内容各不相同。常见的有住宿餐饮功能区块、健身养生功能区块、观景游赏功能区块、专项活动功能区块（图7-4～图7-7）。

（1）住宿餐饮功能区块：餐饮功能区块是几乎每个园区都需要设置的，因为餐饮服务是所有园区共同的重要效益点之一；而住宿功能则需要园区达到一定的规模，能提供足够的游赏休闲活动或者拥有优美的风景资源条件等，能使游客产生逗留过夜的消费欲

图 7-4　玫瑰庄园儿童攀岩墙　2018 年　漳浦县（潘宏　摄）

图 7-5　镜花缘田园综合体淮山美食馆　2019 年　云霄县（潘宏　摄）

图 7-6　南峭村溯溪步道　2020 年　屏南县（潘宏　摄）

图 7-7　镜花缘田园综合体滑草道　2019 年　云霄县（潘宏　摄）

望，才可以设置，小型园区需要慎重考虑或者严格控制住宿服务的规模体量。山地型园区住宿设施常从山脚到山腰位置依山而建，让游客更加接近自然。而餐饮区域因原料准备等需求宜选择园内道路周边，交通便利且和其他功能板块呼应的地点。

（2）健身养生功能区块：在山地居多的南方园区，这类功能区块非常普遍，山势较为高耸的开展森林漫步、野外徒步、露营溯溪等，平缓连绵的丘陵地则开展山地自行车、定向越野、CS等活动。此外各种球类、划船、游泳等活动也可以结合园区实际情况加以设置。

（3）观景游赏功能区块：多利用优越的自然景观资源或人工造景加以开发，如水体边上的沙滩、亲水道；莲塘、荷塘、开满鲜花的景观湿地或花境；山顶的草甸、生长着兰花等野生花卉的山林小径等。

（4）专项活动功能区块：针对特别的游客群体或者特色的活动项目建设的功能区域。例如，儿童活动区，设置沙画、钓金鱼、气模娱乐等。又如陶瓷制作体验区、皮具制作体验区等本地特色工艺制作体验区域。再如露天剧场、露天篝火营地等。

3. 生产休闲兼顾性功能区

生产休闲兼顾性功能区是利用农业产业资源开发游赏项目、提供游赏服务和生产产品的区块。通常分为采摘认养类、劳作加工体验类、展示认知类等，如采摘区、科普休闲区、儿童科教实践区等。

展示认知类通常如科普展示区、特色品种展示区、精品展示区等（图7-8～图7-13），其在园区分布的位置选择通常视展示形式不同有所差异，在密闭空间进行展示的相对接近主要游线道路周边，和园区的其他功能建筑群相对靠近；而在露天场地进行

图7-8 张裕葡萄酒庄园展示厅一角 2013年 宁夏（潘宏 摄）

图 7-9　厦门丽田园农耕文化展览　2011 年　同安县（潘宏　摄）

图 7-10　百卉园盆栽体验区　2018 年　福安市（潘宏　摄）

图 7-11　玫瑰庄园 DIY 装盆活动区　2019 年　漳浦县（潘宏　摄）

图 7-12　宁德绿友产品展示区　2015 年　宁德市（潘宏　摄）

图 7-13　石圳茶书屋景观　2017 年　政和县（潘宏　摄）

展示的，则需要考虑展示内容，相对独立，营造一个单独的游憩空间。

（1）科普展示区：是为儿童及青少年设计的活动用地，以科学知识教育与趣味活动相结合，具备科普教育、电化宣教等功能，如民俗纪念馆、农业历史展览馆、科教馆等。也可以在露天区域结合动植物活体、标本、雕塑小品、宣传廊架等通过实物、照片、体验活动等各种形式进行科普教育和认知活动。

（2）特色品种展示区：以各种不同的具有当地特色的品种农产品的种植、加工成品等的展示区，是品种、产品展示结合旅游农产品销售、科普教育、认知实践等的区域。

（3）精品展示区：为精品农业种植区，精细管理，生产有机农产品等，打造高端、拳头品牌，满足高端层次观光旅游者的采摘、品鉴、高端旅游农产品购买等消费要求。

（4）采摘认养区：此区面积通常较大，甚至超过生产区成为园内占地面积最大区域，是休闲农业园的基本用地。可以分为采摘和认养2种形式的休闲活动。根据种植作物的不同种类、不同品种再细分为更小的区域，如水果采摘区和蔬菜采摘区，水果采摘又可以分为葡萄、蓝莓、柑橘、桑葚等不同区域。而濒水园区的滩涂捡挖海产、渔排垂钓等也属于此类区域。在景观营造上应保留农田景观格局，在不破坏农业景观的基础上规划建设适当的园林小品和游憩采摘道路。此类区域在园区内的分布设置，一是考虑延续原有生产田地的利用状况，二是考虑整个园区的平面布局需求。扩大可游面积，扩散游客同一时间在园区内的分布范围实现更大的容纳量，减轻道路等卡口的压力。同时和其他景观相互穿插，提升园区美感度和农业景观的感染力（图7-14）。

图7-14 玫瑰庄园采摘区一角 2019年 漳浦县（潘宏 摄）

4. 管理服务性功能区

管理服务性功能区是满足园区生产管理和为游客休闲游赏活动提供管理服务的区块。常见如入口区、游客接待区、生产管理办公区等。

（1）入口区：引导游客方便入园并及时提供各种旅游服务的地块（图 7-15）。入口数目随园区大小通常有所不同，大型休闲农庄一般建设 2~3 个入口，中小型园区通常要少一些。对入口位置设置影响最大的因素是外部道路连接点和园区的地形因素。主入口要设置在主要连接道路边醒目位置，在条件许可时，次入口一般设置在其他园区联通道路边，开口在主入口不同的方向上，实在没法在不同方向上开辟次入口，也应选择和主入口保留一定的距离。方便园区内闭环道路的修建，更好地起到分流作用。入口区需要建设标志性园区大门、票务中心、停车场、导览牌等配套服务设施，营建适当的景观。入口通常是人流的聚集地之一，所以还应当留下适当的公共活动空间。南方的山地型园区入口更倾向于建设在低点或者高处，一者入园后缓步向上，节节登高，一者可以一览全貌，尽观山水。

图 7-15　贝牛园区入口　2018 年　福安市（魏云华　摄）

（2）游客接待区：用于相对集中建设住宿、餐饮、购物、娱乐、医疗等接待服务项目及其配套设施。此区可规划建设办公楼、游客服务中心、文化展示室、停车场等（图7-16、图7-17）。

（3）生产管理办公区：生产面积较大，用工、农资、材料等要求较高的园区，为了照顾生产功能实现，可在生产区域左近单独建设生产管理办公区，包括职员宿舍、生产办公室、农资器材仓库等。

图7-16　茶美人庄园接待中心　2017年　大田县（潘宏　摄）

图7-17　石圳游客中心
2017年　政和县（潘宏　摄）

虽然我们从理论上划分了各种不同的功能区块，但实际建设中的每个区块节点，经常会兼具其他的功能，单一功能需求的节点是很少的；其次，随着园区经营，每个区块节点所承担的功能也在不断变化丰富中。

此外，南方山地型园区内经常分布着面积不等的用材林、经济林或生态林等林地。经济林、用材林可以进行林下经济开发及各自休闲功能安排，而生态林适合通过林分、林相改造提升森林美感度。整个林地成为园区的景观背景带或者生态缓冲区、生态保护地等。

第三节　案例实践

由于各个园区自身条件不同，在具体园区的分区规划实践中，在总体原则的指导下，需因地制宜，有所取舍，有所侧重，扩大优势，强化特色，不宜千篇一律，生搬硬套。一般而言，常需要注意以下问题。

中小型园区尤其是小型园区，通常需要舍弃部分功能或将此功能转化为与当地乡村合作共同开发，或互相配套开发。例如，与村庄邻近又用地紧张的园区，民宿、停车等功能可由村庄安排土地或利用现有房屋、空地开发，双方互惠互利。出于侧重发展休闲玩赏项目的目的，生产区、园区餐饮等活动原材料、农产品销售市场（摊点）等也可与当地村庄合作开发。这种形式更有利于提高当地村民对园区的认可和休闲发展的参与性，促进村域经济发展，又有效解决了园区用地压力和功能需求缺口。而设施生产区、引种区和精品区等在中小型园区中由于产业基础和土地面积限制等原因，经常也不会设置。此外，如生产区通常尽量设置在园区较为偏边角位置，留下中心区域发展休闲游赏项目；入口区需选择交通便利而视觉引导性强的位置；大型园区的游赏功能区尽量铺张开以便延长游客在园逗留时间，而小型园区的游赏功能区有时却需要相对集中以保证足够的景观体量。

第四节　案例分析

分区规划中有很多经验可以借鉴但却不能不顾实际的套用，下面以大田县云韵高山生态茶庄园为案例稍加介绍。

1. 案例概况

大田县云韵高山生态茶庄园是由大田县茶叶局牵头联合了位于三明市大田县屏山镇和吴山镇多家茶企和农户筹备开发的一个茶庄园，占地面积约为 10 000 亩，海拔高度为 1 000 ～ 1 100 米，是一个比较典型的大型山地农业休闲观光园区。

该园区位于亚热带气候区，自然条件优越，降水充沛，气候温暖，十分适宜茶叶种植生产。园区地形为峰谷相间的高山沟谷地形，坡度不均，山脚到山腰较为陡峭，但山顶多有较为开阔平地开辟为茶园，这是大田县高山茶园和福建其他山地茶园明显区别的重要特色。地面植被主要为有机茶园和常绿阔叶次生林混杂，山谷地镶嵌部分梯田和水塘。建筑稀少，村落与园区相隔较远，生态环境良好，几乎无面源污染。规划范围现有茶厂生产车间及配套建筑若干，几乎无其他建筑，休闲和服务设施欠缺。

园区毗邻高速路，交通方便。从大田县城和泉州市区到达园区车程均在 40 ～ 60 分钟，因而园区主要客源地应是经济发达的泉州地区，大田县城和三明市反而成为第二客源地。

园区茶叶生产因为由多家企业整合而来，管理水平不均，大部分管理水平较高，机采、手工采等各种技术混合。大田县茶叶产业有一定知名度，"东方美人茶"等茶品广受市场好评，具有良好的产业基础。包括本案例内以茶为主题的大型农业休闲园区（已建、筹建）有 3 家，形成一定的区域休闲市场，因而园区产业发展总体前景看好。

2. 规划难点

规划中，经过多次实地查看并与甲方深入探讨，提出了分区规划相关难点。

（1）道路交通规划方面：由于连接高速路和园区的省道在园区西侧一线，而园区山势连绵，所以无法在园区内规划出环形主路。同时，由于山势陡峭，停车场位置难以选择，也是一个规划难题。

（2）功能分区用地选择方面：茶园、林地和园地交错，而且山势较陡，茶园必须保证茶叶种植需要不可占用，少量的山谷梯田园地分布散乱，为了增加园区种植种类和趣味性，也不可能过多占用。余下的区域多为自然林地，大部分山势陡峭。现有比较成型建筑只有云韵茶厂和春秋茶厂 2 家工厂的厂房，还要保证茶叶生产需要。建设用地选择性小，又要照顾休闲游赏活动的开展，因而存在一定的难度。

（3）景观营造方面：连片的山地自然景色相似，茶园大小不一，天然林林分、林相较为单一，美感度不足。合理利用现有资源，营造美好的茶山影像，又要有丰富多样的农业景观，存在一定的难度。

3. 规划解决方案

针对园区的具体情况，在进行空间布局规划时，针对各具体问题，思考解决方案。

（1）道路交通规划方面：园区道路分2级道路建设，主干道沿用现有村道体系，2级游步道根据实际功能需要沿现有山路走向拓展。现有村道体系已经可以方便联系周边各村落，较为便利，因而以枝干分叉形态来营建园区道路系统。虽然无法在园区内规划环形主干道，但通过园内南北向主干道结合园区西面的县道主干道，形成一个内外结合的环形通道以调度园区游客流动。南北向主干道路及由主干道到达各景点的干道目前基本已经具备，为3.5米宽水泥路面，今后根据需要逐步拓宽为4.5米水泥路。各景点内部设置2级游步道，路宽、铺装材质根据景观配置需要灵活掌握。

（2）园区内外部交通方面：园区北部现有通行的云韵茶厂进出道路因为地势较为陡峭，入口处缺乏开阔空间，设置为次入口。在园区南部利用原来搅拌站旧址建设为主入口，恰好可以利用公路对面修建管吴路时平整出的筑路材料堆场空置平地建设大型停车场，弥补山地园区缺乏停车场修建区域问题。园区内部（除本地居民必须的通行外）不允许外部车辆进入，游客可以选择园区统一提供的电瓶摆渡车、租用山地自行车或步行等形式游览。

（3）功能分区用地选择方面：根据园区地貌特征，尊重场地现状"以山为魂，以路为脉"；现有山地茶园为实，拟规划游赏活动功能区为虚；"虚实相间"解决分区问题。将山水田园综合理念融入茶山背景本底中，结合现有土地利用情况和未来建设需求，尽量利用荒坡地和杂木林地，复垦抛荒的园地，结合道路走向和山势变化，预设"坐""乐""行""赏"4个不同主题功能区，依次分布在"树杈"状道路系统周边，以"花样年华"为主题，提炼出这个园区的"花枝"状平面造型，满足功能布局各项要求。同时，为园区的文化创意、形象宣传、游赏项目营销工作埋下伏笔（图7-18）。

（4）景观营造方面：一是通过林地的林分、林相改造，增加点缀观花和色叶树种，丰富色相和季相变化，提高观赏性。二是结合功能区建设，强化节点景观营建。例如，"观荷听风"的荷塘景观，"半亩方田""林果飘香"的稻田、果园等景观，"五色茶海"的黄色、红色等色叶茶品种和山茶花专类园景观，"七星落月"的山间水潭连片湿地水生植物景观等。通过节点景观营建丰富整个园区的景观类型，实现可赏、可游、可玩的目的（图7-19）。

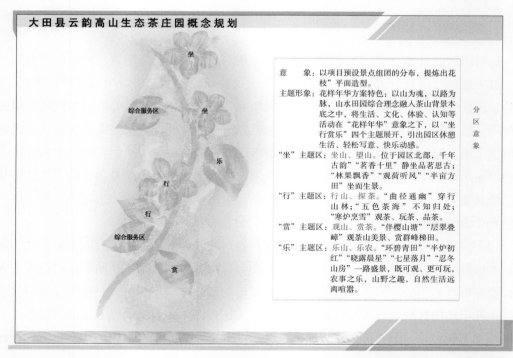

图 7-18 云韵高山生态茶庄园分区意象图 乡村景观室规划项目

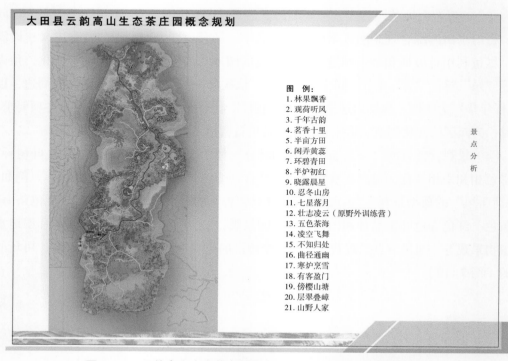

图 7-19 云韵高山生态茶庄园景点分析图 乡村景观室规划项目

第八章

园区景观营造

第一节　景观与景观规划

1. 景观

所谓景观，通常认为是一定区域上呈现的景象，随着生态学、地理学的发展有了更多的释义和内涵，但在一般的理解上，还是指一定区域范围内的自然和人造景色、景物等的综合。"景观"一词在欧洲最早出现在《圣经》旧约全书中，其字义与"风景""景致""景色"相一致。因而其最初的含义，从诸多字典对其字义解释上可见，与视觉美学意义上的自然风景是非常一致的。"景观"一词自 20 世纪 80—90 年代在国内兴起时，对传统的风景园林学科的用词带来不少冲击。"景观"和"景观设计"日益被广泛应用。当今的景观概念是一个已经涉及地理、生态、园林、美学、文化、艺术、哲学等诸多门类的综合概念。

所以现在农业休闲园区中所说的景观，可以认为是一定时间跨度内一片土地及土地上的空间，地形、地貌、动植物及其他自然或人工元素与人类行为协调互动中所呈现具有审美特征的综合体。而园区的景观规划则是在以人为本，尊重自然，在保护性开发资

图 8-1　招沙甲荷塘景观　2019 年　松溪县（潘宏　摄）

源的基础上，依视觉景观形象美感要求，进行环境美感，尤其是建筑与园林空间与环境的规划设计，实现营建一个符合人群行为心理和视觉欣赏的环境综合体的诸多景观元素的空间分布与组建的构思行为过程（图8-1）。

2. 农业休闲园景观特征（丁恺昕 等，2018；赵丹 等，2017）

农业休闲园区的景观本底以自然景色和农田景观为主，人文景观一般较为少见，间或有一些也经常是体量小，知名度、影响力和价值不算特别高的小景观。以本地宗族祠堂、村镇当地名人故居或者是小型寺庙之类的居多。自然景色因各园区条件不同而有所差异，南方大部分为山林地，或者是山林地和田地相结合的地形地貌形成的景致。因山势变化、林木种类和林分发育程度不同导致可达度、景观美感度等差异，但细微处的变化也颇为耐人寻味。农田景观因为土地整理程度不均、田地类型、作物种类、种植管理水平等的差异，产生了较大的可观性和吸引力的不同差别。但总体而言，农业休闲园区正因其拥有的自然景色、农田景观与城市景观之间的异质性美感才对游客产生了吸引力，这也正是农业休闲园区景观最本质的特征（图8-2～图8-4）。

图8-2 永福茶山景观 2018年 漳平县（潘宏 摄）

图 8-3　鹭凯生态农庄——李林纪念馆　2018 年　龙海县（潘宏　摄）

图 8-4　宁德百卉园花卉生产景观　2016 年　福安市（潘宏　摄）

3.景观规划内容

在一定原则要求下，独具创意地对园区景观空间和建筑空间的布局、体量、配置、规模、意象、材质、功能等；景观空间与其他功能的组团之间的联系与交通；公共艺术小品（小品、雕塑等）的意向与方案及其他相关内容进行的构思规划，以突出展现园区的整体空间形象（图8-5～图8-7）。

图8-5　长汀县汀屋岭网红打卡点景观　2019年　长汀县　（潘宏　摄）

图8-6　水电站旧办公楼改造的书屋侧面　2020年永泰县（潘宏　摄）

图 8-7　水电站旧办公楼改造的书屋正面　2020 年　永泰县（潘宏　摄）

4. 规划主要原则

尊重自然原则：充分尊重利用园区场地原有资源条件，避免和减少规划发展带来的生态破坏，营造绿色园区空间。

以人为本原则：园区空间是提供给所有游赏者的公共空间，规划应保证他们参与、进入与享受景观空间的权利，并为他们的舒适、便利和愉悦创造条件。

人文特色原则：充分展现园区的生产、生活、历史、文化、产业与地方特色、民风习俗等。

关联顺畅原则：注重各景观节点（组团）与功能分区（组团）之间引导性，保障物质流与能量流顺畅流动，在场所之间、活动之间、自然和人工之间建立其有机联系。

美感丰富原则：营造多样性，营造优美而又有独特风貌的园区整体景观。

持续发展原则：考虑资源可持续利用，远中近期开发的衔接，保证各阶段景观独自成形的观赏效果。

经济高效原则：充分考虑节约成本，注重景观营造投资效益，实现经济高效。

操作简便原则：规划可操作性要强，使用的技术方法、材料等要方便获得，便于操作与营造。

第二节　园区的园林景观

园林景观在狭义的认知上，通常被认为就代表了景观。农业园区的景观营造欠佳，在很多文献资料中均被指出为目前园区普遍存在的问题之一。突出表现为过度人工营造，同质感强烈，趋近城市化或公园化建设，缺乏乡村和农业产业气质等。

1. 园林景观规划要点（伊恩·伦诺克斯·麦克哈格，2006）

园区的园林景观规划，需要从以下方面加以注意，以期取得满意的营造效果。

（1）适度营造景观，控制建设规模：力争节约成本，实现经济高效。园区的景观人工营造过程相对于原有的景观系统而言，是一种人工干扰活动。为了维持原有景观生态系统的格局特征和安全性，这种干扰活动的强度、形式、规模、范围等均应有所限制（图8-8）。规划应寻求通过适度营造提升局部美感度和全园区的和谐，建设更符合游人

图8-8　宁德绿友温室内景观　2016年　宁德市　（潘宏　摄）

活动和行为习惯的适宜空间。通过这种控制，有效减少场地改造的工程量和费用，实现节约成本，促进效益。景观适度营造，避免照搬照抄城市景观和公园景观的营建，有利于避免了出现大量园区景观的同质化情况。比如在实践中，景观营建多利用建筑前后空地，田头屋尾的小地块；结合农田景观整治将道路、沟渠拓宽以营建小品、种植观赏植物以提升观赏性等处理手法，均属于适度营造的控制。

（2）尊重自然，善选地块营建：以自然为本，注重"生态工法"应用。尊重场地、尊重自然，维持乡野和自然景观异质性吸引力是农业休闲园区园林景观规划需要重视的要点。尽量维持原有地形、地貌基础上凸显场地的美感是规划的首要任务（图8-9）。规划应当善于选择和利用土地，做好节点景观营造，丰富景观斑块变化和路网廊道的变化，提升场地美感度和连通度，适应观赏、休闲的需求。在安全许可的前提下，多应用生态工法（自然工法）维持生物廊道畅通，促进物种保育、生态恢复，保障可持续发展。实践应用如园路铺装采用砂石路面或旧轮胎镶嵌再填土的路面；围栏采用未经深加工的竹木材料；景观小品应用当地砖瓦、土瓮造景；边坡采用自然形式，尽量避免大面积砖石、混凝土全面覆盖的施工方法等，通过规划设计、材料选用、施工技术改进，保证自然生态物质和能量流动，保留动植物生长环境，保障生物廊道的畅通。

图8-9　云山小镇利用自然岩石裸露营造的景观　2014年　周宁县（潘宏　摄）

（3）因地制宜，适地适树：注重生物多样性，保护生态系统。园区的园林景观营造应注重生态系统的保护和维护，"因地制宜，适地适树"原则并非局限于单纯只选用本地植物，而是选择适应园区气候、土壤等自然条件的本地及引进植物品种，不过分追求奇花异草和外来绿化模式（图8-10）。避免由于无法适应气候变化影响营造效果，同时节约种植、管理养护的成本。而合理引进适生外来植物品种有利于促进物种和生态系统的多样性，使得园区各类生态系统（农田生态系、山林生态系、水体生态系等）更为多样美观且稳定。通过现代的种植栽培设施（如温室等），着力营建以展示异域风情、植物等为目的特殊景观营造，比如在一些自然条件差异较大地区园区特意建设的热带植物馆、沙漠植物馆等，其目的是通过极大的反差和珍稀罕见来吸引游客，并不能简单认为是和这一点冲突的。当然，由于此类项目一般投资金额较大且技术要求较高，在做这种决定时更应该经过详细的经济效益分析，控制建设规模，避免产生资金浪费，影响经营效益。

图8-10　海峡农业示范园水塘绿化景观　2017年　福州市（潘宏　摄）

（4）塑造文化内涵，彰显地域风格：突出农村、农业景观特色，农景元素应用。农业和农村的历史文化、乡风民俗、名人传说、神话故事等人文景观资源，地方农产品、手工技艺、美食小吃、风景民居等具地域独特性风格实物和印记，这些元素的提取和完美应用，是每个园区营造与其他园区有别的独立个性风格的关键所在。近年来大力推崇的文化创意，其物质根源也在此处。而农业、农村景观元素的提炼应用，则保证了园区环境和生活气息与城市生活在审美感受上的异质吸引力，是农业休闲活动兴起的基础。文化、名人、传说故事等可以通过纪念馆、宣传牌、纪念性景观节点、雕塑小品等诸多形式在园区景观营造中得以体现。乡风民俗、手工技艺、民居古厝可以用图片文字乃至实物或模型的宣传来表达，更可以结合景观，结合游赏成为体验活动的组成，静和动的组合成为景观体系的一部分（图 8-11、图 8-12）。

图 8-11　屏南夏地村间小品　2019 年　屏南县（魏云华　摄）

图 8-12　白茶小圳的民居　2016 年　政和县　（潘宏　摄）

（5）充分满足功能要求，突出重要功能节点，引导游赏活动路线：园区的景观营造不可为营造而营造，每一处景观都应当为了园区总体服务，具有一定的功用。首先肯定是美。无论是稍加装点的自然乡野形态，还是仔细雕琢的人工形态，都是为了要带给游客一目了然的美感。其次，应该是为了维持、保护一定范围内的生态环境而努力的。从大的区域划分来说，在有条件时设置生态保护区、缓冲区景观。从小的节点营造来说，从方案、到植物、材料、工法都应尽可能减少降低人工行为对原生自然的影响，或帮助其恢复和修复。例如，园区道路尽量减少铺装，显露其自然表面，一方面展现土地自然之美，另一方面减少对土壤和其他自然元素之间的物质能量流动的影响。对自然溪流、沟渠水体改造也是如此，水生植物的引入、人工水塘、湿地的营造应用，应当不仅仅是为了建造一个优美的水景，同时兼顾起人类活动给自然水体带来的轻微污染的水生态自净功能的促进，甚而满足蓄水、排洪等功能。最后，要满足游赏活动开展中的各项功能需求，尤其是通过景观节点的串接和公共设施等共同引导着游客在园区游赏活动的路线，平衡整个游赏体系的人流分布。部分景观成为游赏的主要节点，部分景观起着分流和暂时休憩的功能。比如，停车场的绿化景观可以在美化的基础上兼顾降低被暴晒程度，提供游客停留较长时间时的便利；入口、服务中心等处的景观营造可以是为了提供拍摄、导览以及游客等待、聚集时候的公共休憩空间等作用。观景台、亭、廊、桌椅等为主要元素的小空间可以是为了提供游客更好的视线位置以突出某一主要节点；也可以是为了延伸扩大游客在某主要节点周边的分布范围，以提高游客容纳量；也可能是在数个节点间交叉连接处起到导向、分流的作用。

2. 农业景观元素应用与农景营造（约翰·O·西蒙兹，2000）

农业休闲园区的景观特征需要体现出农业农村景观的异质性美感，营造时需要特别注意到农业景观元素的应用和农业景观的人工营造。农景元素的应用和营造，可以从以下几个层次上入手：从园区的景观本底或者斑块层次上，连片大面积的农田和作物景观将带来足够震撼的视觉冲击力。南方地区常见的成片的水稻田，尤其是水面光影强烈时的梯田，如哈尼梯田、尤溪的联合梯田等。此外，连绵不绝的茶山、果园、竹海等都有着同样宏大的视觉感染力。从园区的节点景观营造层次上，可通过作物或者作物结合园林植物的材料选用、种植方式等方面体现出与单纯城市景观不同的农景效果，如常见的瓜果长廊、作物迷宫、水稻或水生蔬菜装点的水景浮岛等。从景观小品营建、建筑物和构筑物装饰、装修等细节层面上，可以选择与农业相关材料、图案或其他具象表现形式对园区整个农业气息加以增强体现，如作物或劳作主题的小品雕塑、墙饰、壁画等不一而足。

在农景元素具体应用上，常见的有以下的形式或手法。

手法一：通过选择农景元素相关材料来强化农业概念。在造景的材料上选择各类适宜农作物，根据各种作物的生长特性，外观形态特征，应用在不同场合的景观营造中。

瓜类、茄果类替代常见藤本花卉应用于垂吊长廊非常普遍（图8-13）。南方的诸多常绿果树用作园区行道树或绿篱也是一种很好的形式。实际上像华南地区的杧果树、海南的椰子树，就不仅仅在休闲园区，甚至在城市绿化中也大量用作行道树。在园景营建中可用为主景树或配景树的果树就更多了，而且在硕果累累的丰收时节，更容易带给游客美感和满足感。荔枝、龙眼、黄皮、枇杷等均是非常优秀的造景果树，茶叶、油茶还有芸香科的一些品种则是修建小绿篱的好选择。铺地花境或植物色带营建中色叶蔬菜和开花经济作物则大有用武之地，羽衣甘蓝、紫背天葵、烟草等在花境中的应用屡见不鲜。水景营造中则可以大量应用水生蔬菜和经济作物，水芹、通菜、西洋菜、菱角、芡实、藕荷乃至彩色水稻等，既可以实现生产功能，还能满足造景需要，进一步提供亲水游戏、采摘等游赏体验。

除了选择鲜活作物直接用于造景，作物的全株或叶片、果实等的鲜品、干品、加工品等也可以应用于建筑的内外装饰；科教展示材料；DIY和其他体验活动的材料等。比

图 8-13　玫瑰庄园温室间的锦屏藤长廊　2018 年　漳浦县（潘宏　摄）

如，民宿、餐厅的干花、干草（新鲜花草）摆件、墙饰可以选用园区自产的材料，也可以用作物、野草组合并提供给游客进行插花体验等，还可以用作园区科教馆、展览馆等的各种作物标本。

手法二：通过外观、形态、图片等将某些景观元素特征用具象化形式展现农业和农景。除直接应用作物、器具等来表现农业文化和景观外，通过其他景观单位或景观元素模拟这些与农业密切相关的物品形态的具象化表现形式，来强化游客的视觉感受，也是园区农景营建的一种常见手法（图8-14）。

图8-14　白石村的农景小亭　2017年　云霄县（潘宏　摄）

直接创作农作物或农事活动主题雕塑是这种思路快捷明确的表达形式之一（图8-15、图8-16），大型雕塑可以作为园区某一节点的主景，而小型或微型雕塑则可以灵活安排在园区各处景观中，用以活跃景观变化。与此类似且更为方便的有宣传牌、导览牌、路牌、垃圾桶、音箱、灯具等各类小品模拟成各种作物、动物形状等；直接用图片、照片、文字、音像等在路边、墙面、专门的科教建筑设施内进行展示、科教、宣传；利用现代灯光电技术的灯光、激光投射影像在园区应用也日益普遍。对某一特定主题的建筑物、构筑物的外观拟形、拟态为昆虫、植物等也是一种思路，也许因为造价和施工难度相对较高在实际营建中比较少见，如昆虫馆直接设计成蚂蚁、蜜蜂的形状。但在局部应用这种思路的例子就比比皆是，比如屋顶、外墙面等模拟叶片之类的。

图 8-15　海峡农业示范园农产品主题雕塑　2017 年　福州市（潘宏　摄）

图 8-16　雕塑蔬菜造景　2013 年　银川市（潘宏　摄）

手法三：通过专类园区、专项活动等让游人更加贴近农业、农村文化和生活，从而提升农业景观表达能力（图8-17）。

图8-17　沙漠植物专类园——仙人掌王国　2018年　漳浦县（潘宏　摄）

专类园可以将上面讲述的农景营造技法统合在一个园区中，并且可以延伸到旅游商品、纪念品等的销售上，更为全面、完整、细致、深入地体现了某一农业景观。专类园和专类活动是农业休闲园区建设和文化创意的发展方向之一。

从专类园发散思维出去，从园区总体层面上看，对农田进行适当的景观性改造建设，通过土地整理划分、道路修整、小型公共休憩空间营造、小品配置、景观植物点缀等手法应用，提高可进入性、可感知性、可休闲性，实现农田景观的可赏、可拍、可触、可玩、可游；农产品可观、可识、可尝、可带；农事活动可见、可学、可试，将整个园区的大农田景观规划设计为最大的农景场地。

第三节　园区的建筑景观规划

建筑是建筑物与构筑物的总称，被称为凝固的艺术，是人们应用各种建筑材料（砖瓦土石，现代钢筋水泥）构成的供人们日常生活、工作、社交等各种活动的产物，在某种意义上，园林景观也是建筑的一部分。建筑常分为民用建筑、工业建筑、农业建筑，具有经济、美观和适用的共性。

建筑是一部石头史书，记录着人类社会的发展历程，展示了人们适应自然、利用自然的智慧结晶，凝聚了各个民族、各个地区人们文化沉淀，因而形成了五彩缤纷，丰富多样的建筑风格和流派（图8-18）。占据人类文明历史重要地位的农耕文化在世界各国留下了各种各样的具有浓郁地域色彩和民族色彩的乡村建筑和景观，例如欧洲和美洲的乡村建筑，以及中国的窑洞、土楼、傣族竹楼、土家族节楼等西南各地的少数民族建筑。当下的农业休闲观光园区建设如何发掘和利用传统建筑文化，营造富有地域、民族和产业特色、与当代城市建筑相异而又美丽的园区建筑和景观环境，是影响园区吸引力的一个重要方面。

1. 建筑风格

建筑风格是指建筑设计中在内容和外貌方面所反映的特征，主要在于建筑的平面布局、形态构成、艺术处理和手法运用等方面所显示的独创和完美的意境。建筑风格因受时代的政治、社会、经济、建筑材料和建筑技术等的制约以及建筑设计思想、观点和艺术素养等的影响而有所不同。例如，外国建筑史中古时代有哥特建筑的建筑风格；文艺复兴后期有运用矫揉奇异手法的巴洛克和纤巧烦琐的洛可可等建筑风格。我国古代宫殿建筑，其平面严谨对称，主次分明，砖墙木梁架结构，飞檐、斗栱、藻井和雕梁画栋等形成中国特有的建筑风格。

2. 建筑风格的划分标准

常见的标准按地域划分或按建筑形式划分等。

从地域角度来说，又分为不同层级，如亚洲风格、欧洲风格、北美风格；也可以按不同国家、地区来层级来划分，如中式风格、日式风格、地中海风格等；或同一国家、地区的不同阶段，如中式古典风格、中式现代风格（新中式风格）等。

以建筑形式和时间轴线划分是另一种常见标准，如12—15世纪的哥特式建筑，16

图 8-18　长汀富有乡村气息的老建筑　2019 年　长汀县（潘宏　摄）

世纪的巴洛克建筑，20 世纪初的新古典主义建筑，以及随后的现代主义建筑、后现代主义建筑等。

3. 中国传统建筑流派

中式的建筑以竹木、砖石、泥瓦为主要材料。木结构为主，榫卯结构等为典型工艺代表的中国古代建筑，按各种空间、结构需要组合材料，体现着严密的结构层次，清晰有序的组织，表达着中国人对秩序的尊重。无论是写意的江南园林，还是韵味浓郁的北京四合院，或是质朴厚实的陕北窑洞，各具特色的建筑中院落是中国古建尤其是居住功能建筑的典型形制，在方寸空间中用人工方式模拟自然，亲近自然，集封闭与开放为一体。充分体现"天人合一"的精神，追求传统观点，中国的建筑讲求人与环境的和谐统一，体现着对自然的敬畏和尊崇，环境和人都体现着平和含蓄的态度。

而中式建筑无疑是在各农业休闲园区中最多的，因而我们很有必要对中式建筑流派有一定的了解。中国传统民居因地域、自然条件的差异；民族、宗教的不同；社会发展、文化、审美尺度的差异而形成了各自的特色。受长期农耕文化熏陶，汉民族传统民居以规整式住宅为主流，而少数民族地区则因自然条件和生活习惯的不同有着多种多样的建筑形制。长期的演化发展，形成了徽派、京派、苏派、晋派、闽派、川派等格局历史和文化传承积淀的建筑流派。

（1）徽派建筑：是南方民居代表建筑之一。2000 年被列入世界遗产名录。"青瓦白墙，砖石木雕，四水归堂"是徽派建筑的典型风格。青瓦白墙，砖石木雕在宁静雅致中隐现尊贵大气，四面屋顶落水集于庭院的"四水归堂"正是千年徽商"肥水不流外人田"的心态表达，尽显一方水土，一方人物的文化传承。

（2）京派建筑：则是凝聚了北方文化的北派建筑的代表，其典型便是北京四合院和皇家宫阙。方正对称的格局，浓墨重彩的雕梁画柱，院落宽绰而四面屋宇围合，尊贵豪气中带着对吉祥如意生化的期盼和祈愿（图 8-19）。

（3）苏派建筑：以浙江主流的苏派园林式建筑是中国古代文人参与景观营造的成功范例，也是文人性格在建筑艺术上的体现，苏州园林是其中经典传世之作。山环水绕、曲径通幽融自然山水于方寸，清淡素雅、古朴简介又蜿蜒曲折藏一分傲骨于俗世。苏派园林式建筑如江南水乡气质，安宁静谧中蕴藏着活力和绵延不断的力量（图 8-20）。

（4）晋派建筑：以山西为成熟代表，包含了陕西、甘肃等西北地区的建筑，充分演绎了黄土地的厚重、大气和深邃。砖石结构、深宅大院既受着京派建筑风格尊崇大气的影响，又有浓重的千年农耕文化传统留下的深刻印迹。建筑的色彩，形制均带着古拙厚实的气息，既不同于京派建筑的华丽，也有别于皖派建筑的朴素、苏派建筑的雅致（图 8-21、图 8-22）。

图 8-19　国子监　2016 年　北京（潘宏　摄）

图 8-20　苏派建筑　2019 年　杭州市（潘宏　摄）

图 8-21　山西王家大院　2020 年　灵石县（魏云华　摄）

图 8-22　山西王家大院　2020 年　灵石县（魏云华　摄）

（5）闽派建筑：福建多山、临海，作为古代重要的对外海运窗口，有从避祸而来的北方文化融入，也有中国最早开放港口带来的西方风情，兼收并蓄之下建筑为了适应自然和多样文化冲击也变化多样。闽派知名建筑如惠安红砖石屋、闽南古厝，海岛的蛎壳屋，闽东的清水墙，其中最为著名的当数客家土楼，将中国原生源远流长的夯土建筑技艺发挥到极致，作品风格独特，技艺高超，单体规模宏大，形态各异，组团错落有致，依山傍水功能设施齐全，自成一体，被誉为世外桃源，有着如梦一般的神秘感（图8-23）。

图8-23　福建南靖土楼——振成楼　2010年　南靖县（潘宏　摄）

（6）川派建筑：是融合了西南各地多民族智慧的综合体，传承千年的巴蜀文化的活化石，川西吊脚楼，傣族竹楼，侗族鼓楼均是其中的代表，川派建筑多依山而建，顺水而居因势就形在看似随意简朴中却藏着精巧细致，丝檐走廊，重檐飞阁大巧不工，各类建筑均呈现着人类在生产生活中适应自然爆发出的智慧。

近年来，在兼收并蓄的基础上，糅合中式传统建筑与现代建筑的特征形成了新中式建筑，既沿袭了中式传统文脉，又吸收了现代建筑材料与空间处理的优点，有着中式外观的传统和现代建筑的舒适空间及对现代生活的适应性。

4. 欧洲建筑风格

随着中国改革开放和社会和经济的发展，更多其他国家的建筑，尤其是欧式建筑被人们所熟知并应用，在农业休闲园区建设中也不时可见。下面简要介绍几种欧美建筑的风格如下。

（1）地中海式建筑：红瓦白墙营造出与自然合一的朴实质感，如法国普罗旺斯、意大利托斯卡纳等地区的经典建筑风格。长长的廊道，半圆形高大的拱门，墙面通过穿凿或半穿凿形成镂空的景致。这是地中海式建筑最常见的 3 个元素。

（2）意大利建筑：可以追溯到以各种拱顶和柱式为代表的文艺复兴时期建筑构图。如今常见的风格为方形或近似方形的平面，红瓦缓坡顶，半圆形封闭式门廊上面是半圆形露台。铁艺应用是其一大亮点。

（3）法式建筑：文艺复兴后法国的古典主义建筑成了欧洲建筑发展的主流。法式建筑线条鲜明，凹凸有致，造型严谨，尤其是外观造型独特，普遍应用古典柱式，大量采用斜坡面。法式建筑往往不求简单的协调，而是崇尚冲突之美，呈现浪漫典雅的风格。

（4）英式建筑：空间灵活适用，具有简洁的建筑线条，凝重的建筑色彩和独特的风格。双坡陡屋面、深檐口、外露木、构架、砖砌底脚等为英式建筑的主要特征。流动自然以蓝、灰、绿色富有艺术的配色处理赋予建筑动态的韵律与美感。

（5）德式建筑：纯正的德国建筑设计，具备以下几个基本特点：一是外形简练、现代、充满活力，色彩大胆而时尚，属于现代简约派；二是功能讲求实用，任何被认为是多余的装饰几乎都被摒弃；三是材料品质精良，采用的材料和新技术，关注环保于可持续性发展；四是注重细节设计。德国特有的建筑风情，表现出高度的规划性、精确性和特有的工业美感。

（6）北美建筑：北美风格实际上是一种混合风格，不像欧洲建筑风格是一步步逐渐发展演变而来的，它在同一时期接受了许多种成熟的建筑风格，相互之间又有融合和影响。北美建筑的明显特点，是大窗阁楼、侧山墙、双折线屋顶以及哥特式样的尖顶坡屋顶等比较典型的北美建筑的视觉符号，具丰富的色彩和流畅的线条。美式别墅多为木结构，体现了乡村感。

5. 当代乡村建筑风格和美感的缺失

全球化是目前一大趋势，但全球化经常意味着地域特点的抹杀和对传统审美的改变。不仅反映在建筑上，服装、雕塑或绘画的风格变化，还有其他许多方面都表现出这一倾向。解决全球化的影响和地域文脉保护之间的矛盾是许多领域共同面对的难题。

"人定胜天"虽然是中国古代人的一种理念，但当今技术全球化或者技术进步，明确显示了人们改变自然环境能力、手段和效率均远超古代。工程机械的大量应用，结构科学和材料科学的迅速发展，自然空间对人类的限制力不断降低，"移山填海""架桥穿洞"似乎都已等闲为之。古代由于自然阻隔形成的大量小区域，只能尽量使用当地的建筑材料、工艺等，尽量去适应自然地质条件而形成的不同建筑风格差异，被迅速抹平。高度商业化的建筑模式，倾向于更简便通用的形制，更整齐划一的工序，最终是大量外观风格大同小异的成型建筑。

现代通信技术和现代传媒使乡村建筑不仅趋向同质和通俗，甚至在抹去城乡之间的差异，使乡村建筑不断向城市靠拢。古代限于交通、限于技术能力、限于交流和感知手段的缺乏，淳朴的人们用最易取得的材料建筑最牢固的房子，因此形成了万千不同的个性之美。现代的技术进步不仅打破了这种限制，还让人们的视野超越了环境的阻隔，"足不出户知天下事"在网络时代显得如此轻易，审美的变迁导致城乡景观的异质性吸引城市人口享受乡野之美，乡村的景观和建筑失去固有的传统特征向现代城市的表达方式靠拢。同时，现代生活的物质压力如汽车、家电等进入农村生活，客观上也要求乡村建筑必须做出改变接纳现代的新鲜事物，并因此表现出不断的趋同。

6. 园区建筑类别

农业休闲观光园区虽然受到各方面限制，建筑物、构筑物的数量不像城镇建设那么多，但依然对园区总体景观和功能有着极大影响，按主要使用功能，可以将园区建筑（构筑）分为如下几类。

（1）功能性建筑：满足管理、住宿、餐饮、娱乐或其他功能需求的一些民用建筑，如管理服务中心、餐厅、宾馆、展示厅等。这类建筑一般处于园区某一景观中心或视线聚焦的位置，是园区建筑景观最重要的部分，也是在外观风格上变化最为丰富的一类。

（2）产业建筑：用于工农业生产的建筑，如仓库、设施大棚、加工厂房等。除温室大棚外的这类建筑通常不会处于园区突出位置，因生产的需要导致外观形式有一定限制，但也需要尽量和周边环境和谐一致。

（3）景观性建筑：分布在景点或园区重要节点上，景观功能强过其他实用功能的一些建筑。比如观景台、一些亭台楼榭、景观小品建筑等，重在强调美感度的同时兼顾一些使用性功能。

7. 园区建筑景观规划一般原则

园区建筑要满足牢固、安全、美观、节能、智能等基本要求。实现建筑手法和内部功能的配合。农业休闲园区的建筑首先要满足功能的需求，无论在外观上追求什么样的风格，为了适应现代生活的需求和游客对舒适环境的要求，总是会更优先选用现代建筑材料和工艺。很多园区建筑在外观上倾向于选择复古风，但在结构和内部装饰等方面还是要将满足现代生活的功能与其相配合，才能带给游客最佳的游赏、生活体验。

建筑应与环境相和谐，不可破坏总体景观效果，达到表现手法和建造手段的统一。建筑与环境的和谐一致是很好理解的，农业休闲园区自然乡野的总体景观风格对园区建筑的形制、体量必然产生一定美学要求。太过怪异的外观，过于庞大的体量，不合适材质的裸露等均会对观赏效果产生不良影响。

建筑风格保持一定的一致性，表现出建筑形象的逻辑性。建筑也是一种语言，传达着一定的逻辑思维理念。一定地域范围内，过多过杂风格化建筑容易导致视觉效果上的混乱。当然一致性并不意味着一个园区内只能存在一种风格，但最少在一个视线范围内，不宜存在太多种明显差异风格。即使是类似博览园这样的园区，在不同风格的组团之间，也需要一定的景观分隔，形成场景间的置换。

建筑要能表达一定的文化内涵，与园区或游赏主题相关联，在建筑形象表达上吸收视觉艺术的新成果。法国作家雨果在《巴黎圣母院》中说"人类没有一种重要思想不被建筑艺术写在石头上"，俄国作家果戈里也说"建筑是世界的年鉴"。从建筑中体验文化能看出文化是建筑的根源。农业休闲园区的建筑要力争能体现园区主导的文化概念和环境风情，比如自然的恬静、乡村的淳朴、农田的生机和丰收的喜悦、节庆和游赏活动的活泼激烈氛围等。在多元化的当下，建筑的文化营造，既非崇洋媚外，也不是一味复古，而是以建筑为载体，以人文精神为主导，集相应文化要素在建筑形制上予以表现。

8. 园区常见的建筑营建形态

目前农业休闲园区的建筑大致可分为新建和旧房屋改造 2 类。新建建筑无论从材质、风格、空间变化等都更为多样，也更便于从园区总体景观营造角度去选择营造地点。但改造屋通常会带有更浓郁的地方和传统的风貌，也相对节约资金、时间，减少审批手续上的烦琐。

新建建筑从外观和材质上看有以下三类。

（1）仿古、仿村居类：建筑多半采用现代的砖混或钢混结构，外墙贴石材、木材装饰，屋顶覆瓦或琉璃瓦等，在结构和装饰风格上体现一些典型的中式建筑元素。也有部分建筑直接用木构或石料，在各种小品建筑如亭、廊等中应用较多，夯土建筑极为少见。全屋建造也有不少，其中，整体小木屋是近年来非常流行的，大部分风格采用或者是接近新中式建筑的风格（图 8-24）。

（2）现代建筑和仿国外建筑（欧美、日本、东南亚）类：除一些专类园区会比较全面仿建国外建筑外，这类建筑大部分都倾向于吸收一些典型建筑语言和元素建成的现代建筑。例如，以温泉开发为主的清流县天芳悦潭园区，建筑外观有着浓郁的东南

图 8-24　丽田园民宿景观　2011 年　同安县（潘宏　摄）

图 8-25　云山小镇民宿景观　2014 年　周宁县（潘宏　摄）

亚风格，在内部装饰和家具用品上选用东南亚风格物品，甚至大量从菲律宾、马来西亚直接进口。周宁县的云山小镇，建筑多为钢混贴木装饰和钢架玻璃组合的欧式建筑（图 8-25）。

（3）整体成型的速构建筑类：这一类主要指活动板房、集装箱屋等，整体小木屋也应该算其中的一种。有着建筑方便省时、空间构造灵活等优点。尤其是近年来，集装箱建筑在各类农业休闲观光园区中的应用越发流行和广泛。

旧房屋改造情况可以分为以下三类。

第一类形式是旧建筑总体搬迁利用，通过将旧建筑总体搬迁或拆解后在搬迁地重建后加以利用。这种情况要求旧建筑保存完好，结构完整，如闽侯县龙台山生态采摘园就搬迁重建了 2 栋闽清时期古民居。北京的四合院被整体购买搬迁也被新闻报道过。总的来说，这种类别比较少见，一是资源稀缺，二是搬迁资金耗费和工艺技术难度较大，但较好地保存和体现出古建筑的风貌，充分展现地方和传统文化的内涵。

第二类形式中残破旧屋的翻新改建比较多见，尤其是在休闲村落建设中。在充分利用旧建筑形态和材料的基础上应用石、木、砖、瓦，甚至混凝土、工字钢等建筑材料进行结构加强和外观翻新，进行功能的重新分布和利用。

第三类形式更多应用在目前还能正常使用的乡村建筑上，仅仅进行外观装饰上的翻新改造。常见的如用贴木、石片、喷浆、粉刷等装饰工艺进行外墙装修，还有必要的坡屋顶改造、覆瓦、屋檐、门窗等吸取传统建筑元素特征的装修改造等。

相关改造景观见图 8-26 ～图 8-28。

图 8-26　龙潭村改造民居
2018 年　屏南县（潘宏　摄）

图 8-27 大山海景集装箱改造屋 2018 年 云霄县（潘宏 摄）

图 8-28 屏南夏地村新民宿 2020 年 屏南县（潘宏 摄）

第九章

园区游赏规划

　　农业休闲园区的游赏规划是指在园区自然资源开发和产业发展的基础上，根据园区性质和发展目标确定的定位和方向，和生产发展、功能分区、基础设施建设等相配合，为到园游客提供观光休闲活动提供服务的相关项目、设施等软硬件配套的规划工作。

　　游赏规划主要包括各分区游赏项目策划建议、游赏服务设施安排与园区游线组织规划3方面内容。

第一节　游赏项目策划建议

　　游赏项目策划建议指按分区规划时的功能安排和各分区的资源、产业条件，对全园及各分区今后开展的游赏项目类型和主要内容做出一个规划阶段方向性和概念性建议。简单地说，就是指明各功能分区内是否开展游赏活动，开展什么类型游赏项目及相应规模体量，开发利用方式等。

1. 游赏项目策划要点（魏云华 等，2017；潘宏 等，2016）

　　充分利用和开发园区的资源条件，与园区的产业优势、产业特色相互适应。应当明确在讨论资源、产业优势指的是一定区域范围内的相对优势，而不是绝对优势。利用资源、产业优势非常容易理解，正如没有种植果树，怎能开展果品采摘活动呢？但在实践过程中，往往容易出现因为各种原因，通过人为建设创造条件，开展某些游赏项目失败的情形。究其原因，第一类是对园区所在的气候、水源等环境条件没有正确判断，导致建设、运营的费用过高，项目无法长期运营。第二类是背离市场需求，或是毫无特色、吸引力，无法激发游客的消费热情，从而导致无法运营。

　　项目设置需要丰富多样，普适性项目和特色项目齐备，带给游客足够的游赏休憩体验。我们调查了福建省内的26个有一定知名度农业休闲园区的游赏项目设置，从调查结果可见明显的趋向，即游赏项目设置越丰富，园区盈利可能性越高。在调查中，游赏项目设置种类少于10种的园区，基本无法盈利。取得明显效益的园区，游赏项目种类多数超过15种。可见游赏项目的丰富程度对园区的经营有着非常重要的影响。从园区和游赏项目种类对比角度来看，休闲园区的数量大大超过常见游赏项目种类。必然出现一些游赏项目种类是许多园区都会设置的，如烧烤、垂钓、采摘等，这一类项目我们认为应该将其归为"普适性"的游赏项目，通常具有投资省，占地小，见效快等特征。另一类游赏项目则需要有特定的资源基础或较大的经济投入或独特的文化创意等，可以认为是特色项目，如海钓、温泉、蹦极、高科技农业设施观光等。在每一个园区的休闲项目设置时，都应该全面考虑这2类的游赏项目，均衡安排，以普适性项目打基础，发挥特色项目吸引力，丰富全园项目种类，提升园区游赏活动对游客的吸引力和适合性。

项目设置应追求机变创新，营造自身特色。追求园区游赏项目的特色营造，是目前的共识，"人无我有，人有我优，人优我新"之类口号的提出，便是一种明证。但如前文提到，实际上可能设置的游赏项目种类与园区数量相比较是明显大为不及的，因而园区之间的游赏项目的高重合度是不可避免的客观存在。因而游赏项目的求变、求特色，更多在于设置与后期运营策划有机结合，不断推进，持续求变。

2. 同质化游赏项目求变途径

在规划和建设实践中，面临大量同形态同质化项目时，可以从以下几个方面尝试创新求变，打造属于自己的特色。

首先，对与游赏项目一体的周边景观的精细营造，所谓精细营造绝不是简单的人工堆砌。中国古代造园讲究"师法自然"，讲究在方寸之间，自成"天地"。因而精细营造在这里可以被理解为结合游赏项目内容、形式，或者还有可挖掘的文化、历史背景等详细解析后，去建设与之相合的景观。在一个小的局部范围，带给游客舒适、方便、美丽感受之外，还有一丝与游赏项目相吻合的心情。体验如自然、如浪漫或是淳朴古拙。有时这种场景营造并不一定要进行多大工程改造，只要恰如其分地利用好自然场景即可。

其次，可以着手改进的点是对项目的内容、活动形式等本身属性根据游客的需求尽量做出细小又可见的调整变化，从而显得与其他园区（尤其是周边存在竞争关系的同类园区）有所区别的小特点，来吸引更多游客。比如烧烤项目（图9-1），早期常见的是一个烧烤灶，一堆人围着烧烤；后来发展成一个烧烤灶加桌子；然后又有很多园区给配上了柴灶和锅碗瓢盆，游客可以烧烤，可以自己动手DIY利用园区食材烹饪；有的园区采用简便铁质烧烤架，利用小斜坡挖成土灶等挖空心思做一点点与众不同的小变革。

最后，硬件环境的改善之余，就需要从软环境入手。比较方便的软环境入手点有提升服务质量和进行文化创新2类。就服务行业提升服务质量的一般要求之外，对休闲园区很重要的一点就是引导游客的休闲行为，并在休闲活动过程提供及时、周详的硬件准备、信息回馈与行动支持。针对孩子们的休闲项目开发过程中效果尤为明显，如晋江市恒丰休闲园区的学生农事体验田，虽然仅2亩左右，但每次会安排数个员工把来游玩的孩子分组，分别带领他们将农活分阶段从讲解到动手体验，再各组轮换。做到了在这么小的地块上能让20～30个孩子活动半天时间。玫瑰庄园主要客源是中小学生和家长

图 9-1　仙山牧场烧烤棚　2020 年　屏南县（潘宏　摄）

们，开发了制作压花体验的项目，通过老师讲解制作过程，带领孩子们亲手采摘制作材料（鲜花），制作成品（图9-2）。带给孩子们充分的游戏体验感，又有制作成功后的成就感。这2个例子，都是服务提升的结果，比单纯提供场地、物品而言，总体效益要高出许多。

图9-2　玫瑰庄园儿童模型制作体验作品　2018年　漳浦县（潘宏　摄）

文化创意是当前的潮流，通常是指以文化为基本创意元素，整合相关应用学科与内容，再利用各种载体进行解构、再造的创造思维过程。设计是一种常见的文创服务过程。在休闲农业园区中，文化创意是可以渗透到园区建设经营过程许多方面的一项工作。通过文创策划在游赏项目设置中能赋予更深的文化内涵，新颖的视觉效果，心灵共鸣的活动体验，从而提升了游赏活动的趣味性、参与性、教育性，更易吸引游客，并将自身与同类园区很好地区分开来，显示自身特色（图9-3、图9-4）。

图9-3　龙潭村乡村音乐厅　2018年　屏南县（潘宏　摄）

图9-4　水稻田中的咖啡馆和小品　2020年　屏南县（潘宏　摄）

第二节　游赏服务设施安排

1. 游赏服务设施与种类

农业休闲园区的游赏服务设施是以促进范围内经营为目的，满足游客在园区观赏游玩活动需要的各种设备、设施、建筑、构筑等。集服务性、知识性、趣味性于一体，为游客游赏提供各种条件，促进游客身心放松的同时，融入和美化园区环境，共同构成园区景观。

游赏服务设施常见种类可分为游览服务类、餐饮服务类、住宿服务类、购物金融服务类、娱乐服务类、文化服务类及其他服务类等（图 9-5 ～图 9-8）。

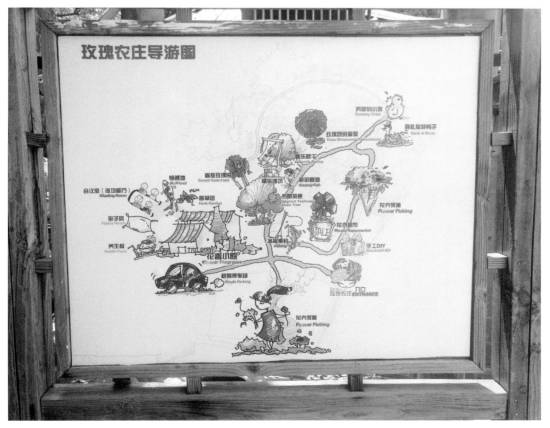

图 9-5　玫瑰庄园手绘导览图　2018 年　漳浦县　（潘宏　摄）

图 9-6　亲水活动区　2011 年　同安县（潘宏　摄）

图 9-7　飘雪屋冰上活动　2019 年　闽侯县（潘宏　摄）

图 9-8　丽田园农家集市　2011 年　同安县（潘宏　摄）

游览服务类包括游客服务中心，导览解说系统（景区标志、导览牌、位置牌、解说标志牌、安全警示牌、人工或电子导游系统与服务等），单个项目的服务点、站，休憩点、休憩设施等。

餐饮服务类包括各类餐厅、烧烤、快餐服务。

住宿服务类包括宾馆、休闲木屋、帐篷营地、汽车露营地等。

购物金融服务类包括小集市、小卖铺、售卖亭、活动零售车、旅游纪念品商店等。

娱乐服务类包括各类表演场所、游戏娱乐设施设备、体育活动场地设施、健身康养场地设备、其他文娱活动场地设备等。

文化服务类包括文化或历史等各类展览馆、博物馆、纪念馆、科技（科普、科教）馆、文化或宗教活动场所、宗教或历史遗址遗迹等。

其他服务类主要有安保和应急医疗救助点和设备等。

2. 游赏服务设施安排原则

游赏服务设施建设应细致完备，尽量满足游客需求。一方面，游赏服务设施是游客游赏活动的硬件基础，建设缺失必然导致服务质量和游客体验的下降，同时也会导致园区管理的困难增加，因此各类服务设施应尽量完备，提供完整的服务链。另一方面，大型和超大型的园区由于占地面积较大，服务设施数量和位置安排上也应尽量覆盖园区全域。

游赏服务设施建设种类要因园制宜，根据实际情况予以安排。每个园区条件和情况不一，因此游赏服务设施的细致完备并不意味着要一项不落，而要根据园区具体游赏项目开发需求给予安排，也可以根据项目建设开发时序，逐步安排完善。比如，小微型园区多数不必安排住宿类服务，餐饮服务也不一定需要建设大型餐厅，可以安排自助、烧烤、特色美食快餐、简便轻食等。此外，根据园区游赏项目内容和性质适当考虑各类服务设施安排也是很有必要的，比如，一般的园区安保和应急医疗救援可以相对简单，可以处置偶然的轻度突发事件即可。但有的园区有大面积深水域又开展了诸多亲水活动，那么水上救援和应急医疗就是必需的。其他如有蹦极、高空缆车、高空玻璃栈桥等有一定潜在危险性项目的，相应的救援医疗的人员和设施都必须有足够的准备。

游赏服务设施建设要控制规模、适度建设。关于农业休闲园区的各项游赏服务设施建设规模几乎没有硬性相关规定。在《休闲农庄建设规范》中规定了餐厅餐位数不低于50位，住宿床位数不低于50张。有的省、市对类似项目也有一些规定，比如，福建省曾经制定了《森林人家》的相关标准。但由于众多园区的条件千差万别，以一定的标准为参考，结合园区实际进行合理规划设计，因地制宜，有利于避免投资浪费，提升经营效益。《风景名胜区详细规划标准》中关于服务设置配置的指标是可以借鉴参考的（表9-1）。但园区和风景区在面积体量上的差距太大，参考之余还是要根据实际确定和控制建设规模。

表 9-1　旅游服务设施配置指标（部分）

设施类型	设施项目	配置指标和要求
游览	游客中心	总面积控制在 150 ～ 500 平方米；其中信息咨询 20 ～ 50 平方米；展示陈列 50 ～ 200 平方米，视听 50 ～ 200 平方米，讲解服务 10 ～ 30 平方米
	座椅桌	步行游览主、次路及行人交通量较大的道路沿线 300 ～ 500 米；步行游览支路、人行道 100 ～ 200 米；登山园路 50 ～ 100 米
	风雨亭、休憩点	步行游览主、次路及行人交通量较大的道路沿线 500 ～ 800 米；步行游览支路、人行道 800 ～ 1 000 米
餐饮	饮食店、饮食点	每座使用面积 2 ～ 4 平方米
	餐厅	每座使用面积 3 ～ 6 平方米

（续表）

设施类型	设施项目	配置指标和要求
住宿	营地	综合平均建筑面积 90～150 平方米每单元（每单元平均接待 4 人）
	建议旅宿点	综合平均建筑面积 50～60 平方米每间
	一般旅馆	综合平均建筑面积 60～75 平方米每间
	中级旅馆	综合平均建筑面积 75～85 平方米每间
	高级旅馆	综合平均建筑面积 85～120 平方米每间
购物	市摊集市、商店、银行、金融	单体建筑面积不宜超过 5 000 平方米
	小卖部、商亭	30～100 平方米为宜
娱乐	文艺表演、游戏娱乐、康体运动、其他游娱活动	小型表演剧场：500 座以下 主题剧场 800～1 200 座 观众厅面积在 0.6～0.8 平方米/座为宜
文化	文化馆、博物馆、展览馆、纪念馆及文化活动场地	每个展厅使用面积不宜小于 65 平方米
其他	治安机构	面积 30～80 平方米为宜
	医疗救护点	面积 30～80 平方米为宜，高原等特别地区，可根据实际情况增设医疗救护设施

　　游赏服务设施建设要与周边环境和谐、共同构筑园区景观环境。作为园区总体环境的一部分，服务设施的布局、外观、形式、色彩、材料、空间尺寸都应该与周边环境相协调，共同保证总体环境的优美和谐。尤其是大体量，容易吸引游客视线聚焦的建筑物、构筑物和大型设施，布局定位应根据功能及周边建筑、环境的相互关系，构成一个有机整体。外观形制、色彩材料应根据规划设计思路保持全园的一致性或者是突出反差对比。维持适宜的空间尺度，保证满足功能要求且不过于突兀，避免影响视觉美感。游赏服务设施建设要注重质量，保障游赏安全。服务设施建设须严格遵守相关国家、行业标准的要求，保证建设质量，做好各项防护措施，保障游客在游赏活动过程中的安全。

第三节　园区游线组织规划

所谓游线是游览路线的简称，在规划中，通常可以认为是根据园区建设和游赏项目设置情况，照顾不同游客的游赏喜好和需求，所设定的一条或几条经过若干景点或项目的游赏行程路线。

农业休闲园区通过游线组织规划可以起到以下作用：一是通过组织游客游赏行程，充分利用园区空间，保证每个节点上的游客容纳量在一个合理范围。二是有助于导游、导览工作有序进行，为游客提供更好的旅游服务。三是有助于照顾到不同游客群体的需求差异，带来更好的游赏体验。四是有助于园区游赏项目策划和开发的宣传工作，便于园区和旅行社等外部推广单位的有序合作及推广。

游线组织规划需要注意从以下几个方面着手。

不同游线的综合应能覆盖全园各景点（项目），注意重点推介和普遍展示相结合。单条游线必须覆盖园区所有的游赏节点或项目，在设计了多条游线的情况下，各游线的综合也应该覆盖全园。务必使得游客不过度集中于某些节点，或漏过某些节点，尽量发挥园区的容纳能力，以取得更好的经营效益。依据每个项目（景观）节点的性质、游赏内容和游客容纳量的不同以及园区经营主导思想指导做出游线安排，突出重点推介的项目（景观）节点，对其他项目（景观）节点也要有普遍展示的安排。

游线组织需要根据游客的时间、兴趣、群体特征等进行规划。首先，根据园停留时间意愿不同必须制定不同的游线，务必使游客在园游玩感觉充实有趣。逗留时间长，游玩项目需多，游赏玩乐要深入。逗留时间短，一定要突出重点精华项目，适当照顾一般性项目。其次，根据游客兴趣、群体特征等制定不同线路，比如，喜欢农事体验、农村生活的亲子游、家庭游游客和喜欢自然景色、野外生活、康体健身的年轻群体游客，所安排的线路必然会有所不同。不同年龄层的游客，其兴趣、需求等也会有所不同。

游线组织需根据园区具体情况进行规划，比如道路卡口，各节点的规模、体量、服务接待能力和空间容纳量等。又如采摘区域，在果实成熟季节必然是游客集中区域，但平时也许只能作为一般性观景拍照。所以需根据实际情况，做出适当、适时的规划和调整。

游线组织规划在具体操作中具有弹性，可调节。比如季节农时的不同、新项目的策划和投入运营、游客的个性定制或群体游客的特别要求等，都可能成为制定对应的临时或长期游线的诱因。

第十章

基础设施规划和
公建设施规划

农业休闲观光园区的基础设施建设是指直接为生产部门和员工、游客等游玩和生活提供共同条件和公共服务的设施建设的项目。主要包括以下几个方面：生产、居住、商业等建筑项目；电力等能源动力项目；道路、停车场等交通运输项目；给排水、污水处理、卫生等环保水利项目；邮电通信项目。

公建设施建设是指基础设施之外为公共服务的设施，如绿地、安保、金融、医疗服务等相关设施。

基础设施和公建设施是园区为游客提供服务的硬件保障，是园区建设必不可少的重要组成部分，也是影响园区投资额度和建设进度的主要因素，同时也对园区的平面布局和景观观赏效果产生重大影响，因此，基础设施和公建设施的规划是园区建设规划不可或缺的重要组成部分。

第一节　农业观光休闲园区设施规划的特点

由于自身条件差异，农业休闲观光园区的设施建设与城镇区域的设施建设不尽相同。

首先，农业园区的设施规划建设必须控制一定的体量和规模，因地制宜进行规划。国家相关政策法规尤其是土地政策从政策层面限定了各园区的建设规模。此外，由于农业园区尤其是福建等华南地区的园区通常山地较多，地形比较复杂多变的同时必须保障农业产业生产的正常开展。因此在进行设施规划和建设时需要结合实际，尊重场地地形现状，选择适当材质和形制，控制规模和体量，如地形整理时不宜像城市区域那样进行大规模的填土挖方。应尽量利用地形地势，必须的挖填工程尽量争取实现场内土方平衡。又如，道路建设根据需要选择道路等级和形式，主干道可以选用混凝土或沥青道路，而次干道、步行道和田间道路更宜不拘材质，透水砖、碎石、石板材甚至简单的石子路面等均可。

其次，农业园区的设施规划应有地方和文化特色，避免过度城市化。设施规划尤其是在建筑和构筑物外观上，各地各有其独特之处，客家的土楼、惠安的红砖厝、海岛上的牡蛎屋、闽东山区的廊桥……各民族也有各民族自身长期发展及适应环境而形成的文化特色，西南少数民族的竹木吊脚楼、土家族、回族的彩色屋檐、畲族的孩儿帽和图腾柱……在农业园区的基础设施和公建设施规划中应充分发掘地方和文化特色加以利用，而不应照搬照抄城市建设的模式，过度城市化的景观抹杀了城市和乡村之间的差异性，降低了旅游和观赏的吸引力，同时容易形成千篇一律、千园一面的同质化，影响农业休闲观光产业的可持续发展。

再次，农业园区的设施规划应体现农业产业特色，突出表达景观异质性。从发展历史上看，农业休闲观光产业是在国民经济和城镇化发展到一定程度，基于城市和农村之间景观和文化的差异性吸引下开始诞生和发展的，因而在园区规划中应努力保持和发扬农业产业特色、弘扬农业文化。梯田、滩涂养殖、成片的稻田、茶山、果园，这些农业产业自身的景观对游客有着浓厚的吸引力。除此之外，要善于将道路边的蔷薇花篱、沿路铺设的葡萄廊架、屋檐下悬挂的串串艳红的辣椒、金黄的玉米等乡村中常见的小景提取和应用于园区规划中，尤其是建筑和景观规划中，使园区充分显现出农村和农业的产业和文化特色。

最后，农业园区的设施规划应充分照顾实用性和经济性。在农业园区的建设中基础设施和公建设施的建设一般要占用整个园区的70%～90%建设资金，在农业产业基础越完备的园区，公用和设施建设占用园区建设资金比例越高，因此充分考虑实用性和经济性因素对于资金投入和合理使用有着重要的影响和意义。

第二节　道路交通规划

1. 园区道路的功能与分类（林方喜 等，2007）

园区道路担负着园区的设备、原材料、产品运输功能；担负着游客出入园区以及引导游人游览的功能；具有划分空间、丰富景观等景观上的功能（图10-1）。

农业园区道路根据主要运输和连接对象不同，分为外部交通道路和内部交通道路2类。

外部交通：承担着园区与外部的客货流运输功能。

内部交通：承担园区内部的客货流运输，联系各个功能分区，有一定的运输功能及景观要求。农业园区的内部交通按功能、等级分为主路、支路、人行道、景观游步道、机耕路等。

主路：农业园区与外部道路之间连接道路以及农业园区内联系各个分区、主要景点和活动设施的主要干道，多作环路规划设计。宽度控制在5～8米，最大纵坡为8.0%，转弯半径控制在12米左右。

图 10-1　苏家山旅游景区空中游步道　2018 年　周宁县（潘宏　摄）

支路：设在各个分区内的道路，它联系各个活动设施和景点，对主路起辅助作用，宽度控制在 3 ～ 5 米，最大纵坡 8%，转弯半径控制在 6 米左右。

人行道：农业园区内供游人步行及观光游览的道路，宽度控制在 0.9 ～ 2.5 米，纵坡过大时可设台阶，应注意防滑措施，不设台阶的人行道纵坡宜小于 18%。

工作道（园务路）：一些园区为方便生产活动，园务运输、养护管理等的需要而建造的路，园务路往往有专门的入口，直通园区的温室、养殖场、加工厂、仓库、餐馆、宾馆、管理处等，并与主环路相通，以便把物资直接运往各区。道路宽度根据其运送货物的流量、设备的尺寸及其必要的通行能力而决定。

2. 农业园区道路规划设计要求

园区道路规划需要满足 3 个方面的要求，即功能要求、景观要求、技术和经济可行性要求。

（1）功能要求：总体上园区道路应满足园区生产、生活、客货运输、游览等各方面功能的要求。

对外交通要求：界定边界，联通客源地实现快速可达目标。规划中应根据现有道路交通条件做出未来道路等级的发展要求，对于建设方自行投建的外部交通路段，在规划中明确道路等级和宽度要求。

内部交通要求：总体上解决生产、生活运输需要，同时引导游览观光路线。生产区域道路应满足各种生产车辆和机械通行需要，并尽量不与游览道路混用。游览道路应考虑各节点游客数量差异，减少道路卡口影响，保证沿路景观效果良好。人流和建筑集中区域必须有环形通道或回车场地，避免交通堵塞。

（2）景观要求：在园区道路规划和建设时，要合理利用地形，避免过度挖填方及损伤、破坏地貌和景观，影响风景整体性。对道路开凿形成的竖向创伤面进行绿化或铺装等恢复性补救。道路最好沿景观节点穿行，做到沿线有景可观。利用道路的布局，曲线变化增加园区景观空间层次感和丰富度。

（3）技术和经济可行性要求：道路建设尽量利用现有道路，不占或少占用土地，节约投资并减少新建道路对植被和土壤的破坏。道路不可穿过有滑坡、塌陷等潜在危险的地质结构不稳地段，以节约投资、保证安全。

3. 道路规划要点

主路应尽量缩短其间的空间距离，而支路和人行道则应显示出更大的灵活性和多样选择性。

园路线形应与地形、水体、植物、建筑及其他设施结合，创造连续展示风景景观的空间或者欣赏前方景物的透视线，形成完整的风景构图。路的转折线形应衔接流畅，符合游人的行为规律。

道路宽度可根据园区道路的分级和实际应用情况适当掌握。

道路坡度设置结合地形变化并充分考虑游客及交通工具通行的方便。一般情况下，主干道路不宜设梯道，坡度不宜过大，上限为8%。山地园路纵坡应小于12%，超过12%应做防滑处理。支路不宜设梯道，必须设梯道时，纵坡宜小于36%，横坡宜小于3%。人行道中的小路纵坡宜小于18%，纵坡超过15%的路段，路面应做防滑处理，纵坡超过18%，宜安台阶、梯道设计。

出入口及主要园路宜便于通过残疾人使用的轮椅，其宽度及坡度设计应符合《方便残疾人使用的城市道路和建筑物设计规范》JGJ50—80中的有关规定。

园区游人出入口宽度应符合下列规定：出入口总宽度，按8.3米/万人计算，万人为游人容量。单个出入口最小宽度为1.5米。

园区停车场：包括园区生产用车停车场和游览用车停车场两大部分。停车场的规模大小根据游客数量来确定。根据规划和经营的不同要求，停车场通常设置在主要出入口附近或有人密集度较高的功能性区域处。如今越来越多的园区选择将停车场设置在外围，而园区内部统一安排电瓶车等绿色交通工具。

道路交通标志分为主标志和辅助标志两大类，交通标志和道路划线也是道路建设的重要部分，可以有效地指引车辆、游客的安全行进，减少交通事故发生。

第三节　电力能源规划

电力规划主要进行供电及能源现状分析、负荷预测、供电电源点、变（配）点所设置、供电线路布设走向等。

用电量估算：常规民用和市政用电量以常设人员按 50 千瓦 /（人·月）计；经营用电（旅游接待）按 0.5 千瓦时 / 人次计；农业及绿地养护年用电量按每年 100 千瓦时 / 亩计算。

住宿供电标准：简易住宿点 50 ～ 100 瓦 / 床；一般旅馆 100 ～ 200 瓦 / 床；中级旅馆 200 ～ 400 瓦 / 床；高级旅馆 400 ～ 500 瓦 / 床；豪华旅馆 1 000 瓦 / 床以上。

供电电源点和变配电所设置视各园区外部电源供应的具体情况而定，应注意场所的安全，避免闲杂人员随意靠近，按照相关规定，确定是否需要安排值守人员。供配电建筑外观尽量和周边景观相协调。

电路敷设在有条件的情况下宜采用埋沟或埋管，多数沿道路走向进行敷设。

第四节　给排水和污水处理规划

给排水规划内容包括对园区给排水设施的现状分析，未来给排水水量预测，水源地选择与配套设施建设规划，确定给排水方式，给排水管网布设走向，污染源预测及污水处理措施。

针对农业休闲园区的实际需求，在给排水规划布局应考虑到景观需求，在景观用地及重要地段范围内，尽量不要安排大体量给排水设施，必须设置时，应考虑埋地或通过其他方式进行适当遮挡，不得暴露于地表。在主要设施场地、人流集中场地，宜采用集中给排水系统。

用水量预测根据灌溉、饮用等实际用水量来确定供需。常住人口根据最多常住人口估算，最多日需水量按 200 升 /（人·日）计；流动人口（游客）根据最多日流动人口估算，最多日需水量按 100 升 /（人·日）计。

给水水源可选择市政供水和自然水源，自然水源采用地下水或者地表水，一般以地下水为主。水源选择上根据生活游憩用水（饮用水质）、生产用水、农林（灌溉）用水之间的差别关系，在满足生产生活和游览发展的需求前提下，控制选择不同的水源。控制和净化污水，注重中水和雨水等环保利用。给水以节约用水为原则，设计人工水池、喷泉、瀑布，喷泉应采用循环水，并防止水池渗漏，取地下水或其他废水，以不妨碍植物生长和污染环境为准。

排水工程必须满足生活污水、生产污水和雨水排放的需要。排水方式宜采用暗管（渠）排放。污水排放应符合环境保护要求。生活、生产污水必须经过处理后排放，不得直接排入水体和洼地。雨水排放应有明确的引导，可以通过排水系统汇入河沟，也可蓄作灌溉用水。

给排水管线铺设应注意与其他设施和管线的空间关系，避免互相产生不良影响。管线与建（构）筑物之间的最小水平净距为：给水管（$d \leqslant 200$ 毫米 $\sim d > 200$ 毫米）建筑物 $1.0 \sim 3.0$ 米；污水、雨水排水管 1.0 米；燃气管，低中压 0.5 米，高压 1.0 米；热力管 1.5 米；电力电缆 0.5 米，电信电缆 1.0 米；乔木灌木 1.5 米。

第五节　环保卫生规划

农业休闲园区的环境卫生规划是为了更好地实现园区各种功能，切实保障生态环境优美，设施和景观的和谐，实现园区的资源共享和循环经济理念。通过环境卫生设施的规划、建设、废弃物收集、运输、处理及综合利用科学的合理垃圾和废弃物清运处理系统，尽量实现园区生活、生产废弃物的分类化、无害化、资源化、效益化；实现园区环卫工作的文明、科学和先进。

环保卫生规划的内容包括环卫指标预测、处置清运规划、清扫保洁规划、环卫设施配置规划等方面的内容。

1. 环卫指标预测

现代农业休闲园区多采用生态农业、循环农业生产的产业模式，所以农业面源垃圾产生量小。而有农产品加工或者其他工业生存模式的园区，工业产业垃圾依据具体的产品种类、工艺、生产规模等不同进行具体测算。通常在进行园区的环卫指标预测主要考虑生活垃圾清运预测。

用人均垃圾产生量预测公式如下：$Q = R \times C \times 365$。

式　　Q——预测年份垃圾产生量；

　　　　R——园区收集范围内停留或暂居人口数量；

　　　　C——预测的人均垃圾日排出量，千克／（人·天），参照我国大部分城市的生活垃圾人均日产量在 0.7 ～ 2.0 千克，取值 1 千克／（人·天）进行计算。

生活垃圾人均日产量的变动，参照城市人口的相关研究表明，该数值受城市地理条件、城市容纳人口、经济发展水平、居民收入、居民消费水平等多种因素影响。根据农业观光休闲园区通常生活垃圾来源于食物类残留和包装、农作物产品残留等，而其他垃圾数量较少的构成现状，取一个相对偏低数值 1 千克／（人·天）基本是可行的。

2. 处置清运规划

生产垃圾处置清运：农业生产垃圾做区分处理，按农药、农资包装袋等作为有毒有害垃圾分类收集并转运至市政垃圾处理厂处理；秸秆、作物残枝等种植垃圾可以回收利用的尽量加以回收利用，可回田的直接回田或者沤熟后作为肥料回田；养殖垃圾如畜禽粪便等通过沼气发酵、有机肥制造等方式尽量加以利用；其他不可回收垃圾集中收集后转运处理。

生活垃圾收运处置：生活垃圾的收集、运输和处置应结合园区实际情况，力求达到减量化、资源化、无害化，逐步推行直到实现垃圾分类收集，回收利用，从源头开始减量，减轻环保负担。

生活垃圾设置分类垃圾桶，动员游客自觉分类投放垃圾。收集后集中转运至垃圾市政中转站或垃圾处理厂进行卫生化、资源化处理。粪便有条件的可以通过吸粪车拉走归并入市政系统粪便统一处理，没有条件的通过建设化粪池等一系列设施进行处理后外运或还田。

3. 清扫保洁规划

园区内主、支干道和人行道路定期清扫保洁，公共服务设施和卫生设施也需要定时、定岗保洁，在园区范围设置适当的公共厕所和垃圾桶，最好配备固定的专职保洁队伍，并建立相应环境卫生管理制度。同时在园区长期开展环境卫生宣传活动，增强游客保护园区卫生和环境的意识，自觉主动共同维护园区环境的优美整洁。

4. 环卫设施配置规划

园区环卫设施配置主要考虑公共卫生间、垃圾收集容器（垃圾桶和垃圾转运间）的配置问题。

公共厕所根据园区内各活动区域游客容纳量和预计滞留量统筹设计，公厕可结合园区实际情况，参考每千人 10 ～ 30 平方米标准进行规划，游客密集区公厕一般的服务半径为 500 ～ 700 米，其他区域服务半径可以适当扩大。

垃圾容器设置：垃圾桶适当美化，尽可能加盖，避免垃圾直接暴露在外。垃圾桶设置位置既要方便游客发现、使用与收集转运，又要考虑不影响景观视线，要与周边自然环境、建筑和景观相协调，垃圾桶外观可以考虑应用各种手法加以遮挡、软化、美化处理。根据园区各个位置游客密集程度和停留时间合理安排垃圾桶和服务半径，游客人流集中、停留时间长的区域，如广场、餐厅、服务部、儿童活动区域等地垃圾桶数量应准备充足。服务半径为 50 ～ 100 米，游客相对稀少、产生垃圾量小的位置如采摘区、登山道等，垃圾桶设置距离也可以适当拉长。

分类收集垃圾桶应有不同的颜色和标志区分，便于游客使用。垃圾桶等垃圾容器应阻燃、防腐蚀、便于清洗。建议尽量使用可移动式垃圾收集容器。

第六节　邮电通信规划

邮电通信规划任务是预测园区内邮电通信需求量，确定邮政通信服务在园区覆盖范围，合理确定邮电通信设施规模容量。对各类邮通设施和线路做科学的布局，明确邮政通信服务设施建设地点和线路敷设方式、走向，并制定好园区邮电通信设施的保护措施。

1. 邮电通信需求量预测

随着社会经济的发展，人们无论到什么地方，对邮电通信尤其是无线通信和网络的需求越来越高，而邮政业务需求则相对较低。因而，农业休闲园区的邮政业务除非出于纪念和旅游功能需要，并不会每个园区都考虑设置。而移动通信和 Wi-Fi 信号通常要求覆盖全园区。电话一般考虑满足办公、生产、住宿和游客密集的公共活动区设置，办公、生产、住宿区可以按多种公式进行需求预测，例如，用建筑面积每 25 ～ 30 平方米一门电话进行预测。而公共活动区的面积指标则可以根据实际情况进一步放大。

2. 邮政通信线路规划

邮政通信线路规划时选向尽可能短直，避免急拐弯，拐弯夹角宜为钝角。光缆、电缆尽量实现套管理地铺设，管线走向选择维护管理方便的线路，通常会随着园区道路两侧敷设。

　　管线铺设选择沿地上地下障碍物较少的路线，应远离存在电蚀和化学腐蚀的地带。管线铺设线路应考虑埋深等施工要求及与其他市政管理的间距和管线交叉等情况，选择合理路线。移动通信需架设微波站等设施时应避免山区风口和背阳的阴湿地块，设施站点建设选址应充分考虑系统干扰和外系统干扰（如雷达、广播电视设施等）。

　　园区总体规划编制深度不涉及上述各项工程建设的具体设计内容，更多的是参考上述相关的计算公式和数值，以便于对设施位置体量的合理安排，道路、线路走向进行布局。详细规划和具体建设阶段应由相关专业设计单位按照国家、地方的各项法律、法规、政策、标准进行相应规划设计和施工建设。

第十一章

投资估算与
分期建设

建设分期规划和资金估算对于农业休闲园区的建设运营有着重要的作用，有利于有效合理利用资金，合理安排建设步骤，提高资金使用效率。

第一节　投资估算

通常大型项目建设的工程概预算、决算过程基本如下：先进行投资估价，然后提出一个控制数。在控制数范围内经过总体规划提出一个总概算。进一步进行施工图设计后，提出施工图预算，并以此为基础提出投标控制价，投标后以合同价签订合同，施工建设完毕进行工程决算，即为决算价。

1. 投资估算

农业休闲观光园区规划的估算编制（通常也称概算编制）是指在园区项目规划时，根据现有的规划资料和其他资料，按特定方法，对园区建设的投资数额进行估计。估算是园区建设决策的一个重要依据，因而应力求准确性，准确的投资估算是整个项目建设过程中造价控制的重要依据，若偏差太大，将影响投资决策的判断和建设的成效。

项目的投资估算是在项目初步设计之前工作阶段中的一项工作，通常分为项目建议书阶段的投资估算和项目规划阶段的投资估算，这里主要讨论规划阶段投资估算的问题。

2. 投资估算的作用

项目建议书阶段的投资估算，对项目后续规划有着参考作用，是主观部门审批项目建议书的依据之一。

投资估算是项目决策的重要依据，也是分析和计算未来经济效益的重要依据。

投资估算对后期项目设计概算和施工预决算也起到控制作用。

投资估算还是项目资金筹措、贷款计划制定、固定资产投资核算等工作的重要依据。

3. 投资估算的组成

项目的投资估算，包括项目建设的固定资产投资和流动资金准备两部分。固定资产投资中，项目的工程建设费用，如土地购买和整理的费用、建筑安装工程费用、设备工具等购置费用等，这些是相对稳定，波动性较小的，被称为固定资产静态总投资费用。而在建设周期内的劳力、原材料、贷款利率和政策性变化产生的费用等，是比较有可能发生各种变化的，因而被称为动态总投资费用。在做投资估算时，应充分考虑到这2方面投资的变动情况。流动资金则是项目建设和运营过程中短期不断滚动投入所需要的资金，在估算中应给予充分的考虑准备。

4. 投资估算的编制依据

投资估算的编制首先要符合国家、地方政府和行业的相关规定。而工程勘察与规划文件、图纸或有关专业提供的主要工程量和主要设备清单是计算的重要数据基础。所属行业、项目所在地工程造价管理机构等编制的估算指标、工程和费用定额、相关造价文件、价格指数等是重要的衡量标准。由于规划阶段尤其是总体规划阶段的工程量和主要设施、设备都还未能那么准确，因而，工程所在地的同期类似工程的各种技术经济指标和参数，工、料、机市场价格，建筑、工艺及附属设备的市场价格和有关费用等是估算编制时的重要依据和参考。政府有关部门、金融机构等部门发布的价格指数、利率、汇率、税率等有关参数是编制动态投资和流动资金的重要依据。委托人提供的其他技术经济资料也是不可忽视的。

5. 投资估算的计算方法（孟蝶 等，2014）

农业休闲观光园的实际情况和纯粹的建设工程有一定的差别，比如，各类农田的基本情况、种植品种、设施水平的不同，都会导致投资产生很大的差异。而建筑物、构筑物和基础建设的情况通常也不如单纯建设工程那么明确。各地之间的用工、材料等差别也很大，所以在估算投资时应充分考虑实情选择估算方法。

投资的估算方法是多种多样的，需根据项目的实情、技术资料和有关数据等具体情况，有针对性地选用适宜的估算方法。农业休闲园区的投资估算采用类似工程预算法更易于结合考虑当地各种实际情况，因而采用较多。也可以结合类似工程预算法、生产力指数法和指标估算法等进行估算。

（1）类似工程预算法：利用技术条件与设计对象相类似的已完工程或在建工程的工程造价资料来编制拟建工程项目概算的方法。通常适用于2个项目的规划、设计相类似，又没有可用概算指标时采用，但必须对建筑结构差异、种植费用差别和其他价差进行相应的调整。在农业休闲园区估算的实际操作中，通常会采用一定地区的普遍性或普适性的市场价格作为基础，再根据实情进行适当调整来进行估算编制。

（2）生产能力指数法：由于农业产业的投入产出受到各种自然和人为因素的影响更为复杂多变，比起工业产业更难以控制和比较，因而使用受到一定限制，但可以在一些设施和硬件建设中考虑使用。指标估算法的情况也与此类似。

生产能力指数法是根据已建成的、性质类似的建设项目或生产装置的投资额和生产能力来估算拟建项目的投资额。计算公式为 $C_2=C_1（Q_2/Q_1）nf$。

式中　C_1——已建成项目的静态投资额；

　　　C_2——拟建项目的静态投资额；

　　　Q_1——已建成的类似项目的生产能力；

　　　Q_2——拟建项目的生产能力；

　　　f——不同时期、不同地点的定额、单价、费用变更等的综合调整系数；

　　　n——生产能力指数。

这种方法计算简单、速度快，准确度较高，误差可控制在 ±20% 以内。所需基础材料简单，不需详细的工程设计资料，根据生产流程和规模就可以套用。通常在园区的一些农产品加工生产项目、畜禽养殖设施或温室大棚设施建设项目等中加以应用，可以在整个园区估算采用类似工程预算法，在其中一些具体项目采用生产能力指数法，以期获得更为准确的估算投资数额。应用此方法必然要求引用的工程的资料可靠，条件基本相同。

（3）指标估算法：是依据各地建设主管部门编制和颁发的投资估算指标对拟建工程所进行的投资估算。将投资估算指标乘以相应的工程建设量，求出拟建项目相应的土建工程、给排水工程、电器照明工程等单位工程的投资估算额，最后再加以汇总。在有条件的休闲园区的公共建设项目等估算中可加以应用，以提高估算准确度。

应用此方法时要注意，一是指标单位和拟建工程的标准有差异时应换算调整为一致单位；二是所使用的指标要符合拟建工程的设计参数和特点，不能盲目乱套。而且要考虑特定时间性，一般以开工前一年为基准年的单位价格作为计算依据，减少不同时间点的指标差导致的误差。

6. 投资估算书编写

一般叙述估算编制的说明、总投资估算表、主要技术经济指标等内容。有需要时还可以增加单项工程估算表。农业休闲园区规划中由工程造价咨询单位编制的投资估算则需要出具专门的投资估算文件，较为复杂和详尽。而由规划单位编制的投资估算章节相对简单，下面是简单的投资估算编写内容。

（1）编制说明：通常包括编制方法、编制依据、主要技术经济指标、有关参数选定的说明、特殊问题说明、其他一些特殊情况时的估算、指标、限制等情况的说明。

（2）投资估算表：总投资估算表的编制包括汇总单项工程估算、工程建设其他费用，估算的基本预备费、价差预备费、计算建设期利息等内容，有时可汇总为预留资金或不可预见费用项中一并表达。

（3）主要技术经济指标：估算人员应根据项目特点，计算并分析整个建设项目，各单项工程和主要单位工程的主要技术经济指标。

第二节　分期建设规划

1. 分期建设规划的目的意义

农业休闲观光园区兼顾了第一、第三产业特征，园区建设成功和良性发展需要依托资源条件，且适应社会发展的需求。因此，园区建设分期规划一般与当地国民经济、社会发展计划相适应，利于园区发展与社会发展的同步协调。通过分期规划，可以对资源实现逐步合理开发，并得到切实保护，生产和旅游管理更易于实现科学化、合理化的综合部署均有重大意义。

2. 分期建设规划原则

分期规划一般分为近期、中期、远期（也可写为第一期、第二期、第三期）3 期进行规划，每期 5 年。近期规划开始时间应从规划确定并开始建设的年度起算。

分期规划应根据资源条件和开发建设能力有序合理安排每期规划建设内容，明确每期规划的发展目标和重点项目，兼顾生产、游赏、居民、社会和生态环境的持续协调发展，体现园区自身的产业特质、文化特色、地方特点、环境特征。

各分期规划应明确本期建设内容、规模，期内发展重点，相应发展的步骤与措施，项目与投资估算应包括期内产业生产、风景游赏、公共建设与设施建设、环境保育等各方面内容。

分期规划应遵循切实可行、易于管理、科学合理、有利于长期可持续发展；与区域范围内国民经济、社会发展规划协调统一；遵守国家、行业相关法律及行业标准等的原则予以编制。

由于社会、经济因素的不断变动，分期规划应有适当弹性，使园区建设重点和任务随社会因素变化及时调控，具更强可操作性。

3. 各规划分期建设重点

（1）近期规划：因为建设时间接近规划时间，规划建设的主要内容和具体项目均比较明确，规划可相对翔实细致。近期规划内，园区通常需要初步完成农业生产体系的建设，确定主要种植、养殖种类和耕作方式等，明确产业地块的划分，完成主要的农田建设和农业设施建设；完成重点、主要基础设施和公建设施建设，如干道道路、电力供能系统、给排水系统以及环保卫生、通信网络等系统主体建设，正常使用可为园区生产和游赏活动提供后勤服务；应完成主要游赏服务设施建设，初步建成游赏体系并形成基本游客接待能力；软件环境上基本建成园区经营管理组织架构，处理好社会居民关系等。

（2）中期规划：基本目标是各建设项目基本形成规模，园区总体框架基本构筑完善。具体而言，生产方面应基本完成产业体系布局建设，生产设施建设基本完成，投入使用；基础设施、公建设施建设基本建成使用；游赏服务设施建设和游赏项目开发有序进行，园区形成规模接待能力；生态保育措施和软环境建设（如员工培训、周边村庄社会协调等）执行得力。

（3）远期规划：规划目标是园区软硬件环境建设完善的未来"圆满阶段"，园区的产业生产、休闲观光旅游各项设施建设齐备，景观环境建设精致化、个性化营造完成；员工教育培训、游赏项目策划开发、园区形象营造等工作是本阶段软环境建设重点。园区经营处于效益良好可持续合理发展状态。

参考文献

蔡毅，邢岩，胡丹，2008.敏感性评价综述［J］.北京师范大学学报（自然科学版），44（1）：9-16.

曾艳，2010.从中国古典园林看可恢复环境设计理念［J］.安徽农业科学（32）：18 414-18 415.

常运书，2015.浅议城市休闲农业发展的意义、态势与前景［J］.农民致富之友（23）：214-214.

常运书，2016.关于加快休闲观光农业园区发展的几点思考［J］.农民致富之友（3）：177-177.

陈宓，2017.中国古典园林生态思想在茶园设计中的体现［J］.福建茶叶（5）：103-104.

仇峰，2014.关于加快休闲观光农业园区发展的几点思考［J］.中国乡镇企业（2）：86-89.

邓键剑，范俊芳，2010.湖南休闲农业园乡村地域文化景观分类研究［J］.湖南农业大学学报（自然科学版）（S2）：16-19.

邓青霞，2018.基于"三产融合"理念下的休闲农业园规划建设［J］.住宅与房地产（30）：209.

丁恺昕，韩西丽，2018.基于复合生态系统理论的丘陵地区乡村景观规划［J］.生态环境学报，27（7）：1 315-1 342.

杜姗姗，蔡建明，陈奕捷，2012.北京市观光农业园发展类型的探讨［J］.中国农业大学学报，17（1）：167-175.

杜镇宁，2021.基于产业融合的休闲观光农业园区规划设计［J］.中国建筑装饰装修（2）：34-35.

冯建国，杜姗姗，陈奕捷，2012.大城市郊区休闲农业园发展类型探讨——以北京郊区休闲农业园区为例［J］.中国农业资源与区划，33（1）：23-30.

付华，吴雁华，穆建怡，2007.中国休闲农业的特点、模式与发展对策［J］.中国农学通报（12）：442-446.

顾芸明，2014.观光农业发展现状简析［J］.现代园艺（18）：19-20.

付嘉，2006.中国传统农业生态思想研究［D］.杨凌：西北农林科技大学.23-42.

管仲（春秋），2003.管子译注［M］.刘柯，李克和，译注.哈尔滨：黑龙江人民出版社.372-376.

韩非子（战国），2000.韩非子注释本［M］.任峻华，注释.北京：华夏出版社.278.

韩林平，2013.农业生态旅游经济的可持续发展研究［J］.农业经济（2）：29-31.

韩顺琼，2016.浅谈我国休闲农业发展的意义态势与前景［J］.农业与技术（22）：135-135.

江南，2010.美丽的民族符号：哈尼梯田［J］.资源与人居环境（21）：75-79.

晶侬，2011.国外休闲农业面面观［J］.农产品市场周刊（40）：56-57.

林方喜，潘宏，陈华，2007.景观营造工程技术［M］.北京：中工业出版社.

刘敏，2019.基于 SWOT 分析的重庆自由贸易区发展战略探索［J］.西南大学学报（自然科学版），5：104-111.

刘齐光，2014.国外休闲农业发展历程及经验借鉴［J］.农村经济与科技，25（8）：99-100.

罗顺元，2010.论《天工开物》的传统农业生态思想［J］.新余高专学报（1）：18-20.

罗顺元，2011.论中国传统农业的生态耕作思想［J］.自然辩证法通讯，33（2）：47-52.

马华阳，2008.先秦时期的环境保护［J］.安徽农业科学（15）：6 576-6 577.

马新，2017.我国休闲农业发展现状及问题浅析［J］.南方农业，11（5）：59-60.

孟蝶，金坛，2014.浅谈工程投资估算、概算及预算编制工作［J］.农家科技（下旬刊），9：258.

孟凡涛，2009.论古代齐国农业发展思想［J］.山东理工大学学报（社会科学版）（5）：51-55.

潘宏，魏云华，范超，2016.南方中小型农业休闲园区游赏项目规划初探［J］.安徽农学通报，24：127-128.

任中霞，2017.国外休闲农业创新发展经验及对我国的启示［J］.农家科技（11）.

宋应星（明），1976.天工开物［M］.钟广言，注释.广州：广东人民出版社.16-18.

孙飞达，朱灿，陈文业，等，2019.青藏高原地区草原生态旅游资源及其 SWOT 分析［J］.中国农业资源与区划，6：48-54.

唐睿，2018 休闲型农业产业园规划设计研究——以四川省彭州市草莓产业园规划设计为例［D］.绵阳：西南科技大学.

汪静，2016.浅谈休闲农业园区规划设计［J］.农业科技与信息（6）：125-126.

王晓君，吴敬学，蒋和平，2017.我国都市型农业发展的典型模式及驱动机制——基于 14 个大中城市案例研究［J］.农业现代化研究，38（2）：183-190.

王兴水，尚志海，2006.国外观光农业研究综述［J］.云南地理环境研究，18（6）：75-78.

魏云华，张燕青，范超，等，2017.结合实例探索中小型农业休闲园区游赏项目规划［J］.现代农业科技（3）：267-268.

徐启明，2011.基于乡村休闲的农业庄园设计研究［D］.长沙：湖南农业大学.

杨乐，胡希军，谢祝宇，2012,.我国观光农业园分类研究［J］.湖北农业科学，51（8）：1 721-1 724.

杨培源，2011.根植与超越：基于传统农业生态化实践的循环经济构建［J］.江西农业学报，23（5）：198-201.

杨书豪，谷晓萍，陈珂，等，2019.国内景观评价中 SBE 方法的研究现状及趋势［J］.西部林业科学，3：148-156.

伊恩·伦诺克斯·麦克哈格，2006.设计结合自然［M］.芮经纬，译.天津：天津大学出版社.

约翰·O·西蒙兹，2000.景观设计学——场地规划与设计手册［M］.俞孔坚，王志芳，孙鹏，译.
　北京：中国建筑工业出版社.

张培，2015.现状、动力、趋势：我国休闲农业旅游近20年的发展轨迹研究［J］.天津农业科学，21
　（3）：45-49.

张壬午，张彤，1996.中国传统农业中的生态观及其在技术上的应用［J］.生态学报，16（1）：100-
　106.

张胜利，2013.国外休闲农业发展的典型模式分析及经验启示［J］.农业与技术，33（1）：203-204.

赵丹，何嵩涛，任正妮，等，2017.台湾地区休闲农场景观规划设计手法探析及对贵州的启示［J］.
　山地农业生物学报，6：58-63.

赵晓春，2018.休闲观光农业发展困境与策略探析［J］.中国战略新兴产业（36）：23.

周颖悟，2016.结合国外经验论中国乡村休闲农业旅游产业的发展策略［J］.世界农业（2）：33-36.

朱俊峰，2018.国外休闲农业发展经验与启示（一）［J］.农民科技培训（3）：46-47.

朱青晓，王忠丽，2005.民族生态系统的可持续发展模式——以哈尼梯田为例［J］.资源开发与市场，
　21（3）：206-209.